土壤附着机理的理论与实验研究

张金铮 著

U0352638

中国农业科学技术出版社

图书在版编目（CIP）数据

土壤附着机理的理论与实验研究/张金铮著.—北京：中国农业科学技术出版社，2020.1
ISBN 978-7-5116-4587-6

Ⅰ.①土…　Ⅱ.①张…　Ⅲ.①土壤–附着力–实验–研究　Ⅳ.①S15-33

中国版本图书馆 CIP 数据核字（2020）第 021850 号

责任编辑	李冠桥
责任校对	马广洋
出 版 者	中国农业科学技术出版社
	北京市中关村南大街 12 号　邮编：100081
电　　话	（010）82109705（编辑室）　（010）82109704（发行部）
	（010）82109709（读者服务部）
传　　真	（010）82106625
网　　址	http：//www.castp.cn
经 销 者	各地新华书店
印 刷 者	北京建宏印刷有限公司
开　　本	710mm×1 000mm　1/16
印　　张	13
字　　数	216 千字
版　　次	2020 年 1 月第 1 版　2020 年 1 月第 1 次印刷
定　　价	55.00 元

前 言 PREFACE

土壤的附着是土壤与地面机械相互作用的研究领域中重要的研究课题之一。在日常的生产活动中，土壤在车辆或地面机械的触土部件上附着的现象非常常见。土壤如果大量附着在越野车辆的行驶装置、建设机械的作业部位以及农业机械的耕作装置上，会导致以土壤为作业对象的各类机械在工作过程中发生不同程度的能量损失，整机工作质量的增加会带来牵引力不足、行驶性能和作业性能下降等问题，完成作业后土壤清洗工作也同样耗时费力。土壤在地面机械上的长期附着，还会使工作部件表面锈蚀的过程加速，缩短使用寿命。地面机械在路面行驶过程中，附着在行走机构上的土壤掉落在地面，也会对路面环境造成一定程度的影响。因此，明确土壤的附着机理，研发有效的减黏脱土技术方法，一直是国内外土壤地面力学领域科技工作者的研究目标和方向。

土壤的附着与土壤中含有的水分有关，附着力的大小和接触面形成的水膜有直接关系。现有的研究关于土壤附着发生机理的解释各有不同，需要通过实验数据支持来明确土壤水的表面张力和土壤附着力的产生以及水膜形成之间的关系。土壤附着力主要可以分为垂直方向附着力和切线方向附着力两种。一般情况下所说的附着力指的是在土壤和材料接触面的垂直方向上将土壤分离所需要的力，即垂直方向附着力。目前对垂直方向附着力的理论计算式表达和实验测定方面的研究较多，但对于土壤切线方向附着力测定及理论公式推导方面的相关研究较少。在切线方向上将土壤分离时所需的附着力对农业机械触土部件工作过程中工作效能的发挥以及地面车辆行驶过程中车辆推进力的产生都具有非常重要的作用。如果能够明确土壤切线方向的附着机理，就有可能采取更有效的措施防止或减轻土壤的附着。

各类地面车辆在行驶过程中需要较大的牵引力，这些车辆的行驶装置普遍装配橡胶材质的轮胎、履带或金属制履带等和地面土壤直接接触并发生土壤附着现象。土壤的附着一方面造成了车辆行驶性能和工作性能的显著降低，另一方面对于车辆推进力的产生又起到不可或缺的作用。因此，在现有研究的基础上进一步明确土壤附着机理是非常必要的。同时，各类地面车辆在行驶和完成作业任务的过程中需要足够的推进力。车辆推进力是由车辆行驶装置的触土部件与地面之间的相互作用而产生的。推进力的大小除了受车辆行走装置触土部件的形状尺寸等参数影响之外，还和与之接触的地面土壤的力学性质及土壤的运动情况有直接关系。

目前为止，国内外关于土壤附着机理方面的综合性论著和专门教材等相对较少，为了适应土壤附着机理领域的基础科学研究及与之相关领域研究工作的需要，作者在多年从事地面机械土壤附着机理研究的基础上，进一步系统总结和凝练国内外和土壤黏附机理研究相关的科研成果，写成《土壤附着机理的理论与实验研究》一书。

全书共7部分，第1部分和第2部分是关于土壤黏附力学的相关基础理论，主要阐述了土壤附着机理的研究背景、研究历史、研究现状及影响土壤附着性能的主要因素等；第3部分和第4部分介绍了一种测量土壤切线方向附着力的基本方法，使用不同直径的玻璃球模拟土粒子，测量玻璃球周围形成的水膜圆直径和切线方向拉伸力。通过实验数据的分析，寻求水膜直径与切线方向附着力的关系，导出可靠性更高的实验关系式。第5部分主要阐述土壤含水率、剪切速度、土壤压实度等各因素对土壤切线方向附着力的影响，并结合实验数据进行综合评价。第6部分和第7部分介绍作者以车辆履带行走机构为研究对象，系统探讨了履带触土部件形状、切线方向附着力等因素对车辆推进力和牵引力的影响作用，证明了土壤附着机理的基础理论与方法可以有效地应用于相关的工程技术领域。

本书在撰写过程中，得到了支持本书出版的有关部门、专家学者和同事的大力支持，参考了大量国内外土壤地面力学领域的文献资料和技术资料，在此一并表示衷心的感谢！

由于作者水平有限，撰写时间仓促，书中错误和不妥之处在所难免，诚请广大读者批评指正。

作　者

2019 年 9 月

目 录CONTENTS

1

绪　论

1.1 土壤附着机理的研究背景

土壤的附着是土壤与机械相互作用的研究领域中重要的研究课题之一。在日常的生产活动、科研工作以及其他的活动中，土壤在车辆或者土壤机械的触土部件上附着的现象非常常见。土壤如果大量附着在越野车辆的行驶装置、建设机械的作业部位以及农业机械的耕作装置上，会导致以土壤为作业对象的各类机械在工作过程中发生不同程度的能量损失，整机工作质量的增加会带来牵引力不足、行驶性能和作业性能下降等问题，完成作业后土壤清洗工作也同样需要花费较多的时间和精力。土壤在机械上的长期附着，还会使工作部件表面锈蚀的过程加速，缩短使用寿命。地面机械完成作业任务后，路面行驶过程中，附着在行走机械作业部件上的土壤掉落在地面，也会对路面环境造成不同程度的影响。

上述问题的产生，究其根源是因为地面机械受到不同程度的土壤附着造成的。虽然绝大多数的地面机械，如工程车辆、农业机械等，以地面土壤作为工作对象，但此类地面机械由于机体表面大量土壤的附着，在使用过程中必然会出现行驶阻力增加、能量消耗增加、工作质量和工作效率降低以及发生故障而不能正常工作等情况。国外和国内的大量实验研究报告和调查研究结果表明，工程机械的铲斗等工作部件由于土壤附着的影响，会使装载效率降低 20% ~ 30%。具有高通过性能的车辆在软黏土环境中行走时，地面对车辆的应力传递过程较为复杂，车辆行走机械会向下沉降，致使行驶阻力增大，车辆通过性变差。因土壤附着现象的产生，在田间工作的耕作机械的开沟犁阻力也将增加 20% ~ 30%，作业完成后附着土壤的清理工作量也比较大。工程建设中使用的自卸车辆的翻斗，由于土壤附着长期存留在内部的土壤重量为翻斗容纳土壤总重量的 1/5~1/4。附着在车辆翻斗内的土壤由于缺少高效的减黏脱土方法，长期附着在车辆上，造车整车重量增加，有效运送土量减少，严重地影响了生产效率。由此可见，土壤附着问题的解决对于工业、农业生产起着至关重要的作用，是一个亟须研究和解决的重要问题。但对于土壤附着机理的基础研究和土壤机械减黏脱土方法的研究，目前进展较慢，仍然处于起步阶段。

在土壤的附着现象中，水发挥着非常重要的作用。不仅仅限于地面机械土壤附着的问题，只要有水的存在，土壤的力学现象就会变得更为复杂。这种附着现象的复杂性，是使很多研究人员敬而远之的主要原因之一。土壤在地面机械上的附着，很大程度上取决于土质和土壤含水率，同时与土壤和地面机械的接触面状态等也有密切的关系。关于土壤附着机理，也有研究称是形成于地面机械与土壤接触面的水膜，这个水膜的形成与土壤含水率有着直接的关系。另外，与土壤接触的地面机械表面的状态也是土壤产生附着现象的主要原因之一。关于土壤与地面机械之间发生相对运动的情况，相关研究中也有报告显示，如果对接触部分进行适当的表面处理或者在表面涂装涂层，会有一定的减少土壤附着的效果。同时，在地面机械与土壤之间发生相对运动时，可以考虑通过机械运动去除表面附着土壤等多种方法，但是由于构造相对复杂等原因难以实现广泛的应用。另外，有研究人员对农业机械耕耘装置进行了大量的土壤附着相关的基础研究。为了防止土壤附着在农业机械耕耘装置的保护罩上，在实验田地进行的土壤附着实验中对耕耘装置的保护罩施加振动，并通过测量耕耘装置保护罩上土壤的分布情况来评价减轻土壤附着的效果。也有研究表明，可以通过利用疏水性物质对地面机械表面进行化学处理来防止土壤的附着。通过安装振动装置利用振动使表面附着土壤脱离的方法，配合电气渗透法，可以强制土壤中的水分移动到土壤与金属的接触面，增加土壤与金属表面接触面所产生的水膜厚度，从而减少附着力。

土壤的附着特性与水膜的形成有很大的关系，具体有什么样的影响关系目前尚未通过实验证实。如果能够进一步明确土壤附着机理，就可以采取有效的措施防止土壤附着的发生，并可以考虑把有助于产生车辆推进力的附着力有效地利用起来。

1.2　土壤附着机理研究的回顾

从 19 世纪初开始，国内外的研究人员就开始关注土壤附着现象的研究，并取得了丰硕的研究成果。

土壤附着经常发生在各种材料表面和与其接触的土壤之间，能够在一定程度上反映土壤的力学性质。土壤的附着有两种不同的表现形式，第一种是由于非土壤材料从土壤表面离开而产生的附着现象，这种附着现象在车辆的轮式行走机构、履带行走机构上经常会出现。第二种是由于土壤和地面机械工作表面产生挤压和相对运动过程中发生的附着现象，这种附着现象常见于挖掘机铲斗、耕作机械犁底等。

土壤、固体材料表面以及两者之间的界面层构成了土壤附着的三要素。土壤特性、固体材料特性以及界面层的结构等都会影响到土壤的附着特性。根据土壤和材料表面的受力情况，土壤的附着还可以分为正向附着和切向附着两种情况。

土壤附着性能通过土壤正向附着力计算公式定量测量，如下式：

$$P = \frac{F}{A} \qquad\qquad 式（1-1）$$

式中，F 是作用在接触表面垂直投影面上的力；A 是土壤和材料表面接触面在垂直方向的投影面积。

当土壤和材料之间有相对滑动时，沿着接触面切线方向的附着力就是土壤的切线方向附着力，此方向的运动阻力可以表示为：

$$\tau = p_{ca} + p_N tan\alpha \qquad\qquad 式（1-2）$$

式中，p_{ca} 是切线方向附着力；p_N 是正压力；α 是土壤和接触材料之间的摩擦角。

很多国内外的研究人员针对土壤附着力的测定方法及附着力测量设备的研发开展了广泛的理论研究和实验研究。Schubler 在 1920 年首先提出了土壤附着力的测定方法，并对土壤和常用材料之间的附着力大小进行了精确的测定。E. R. Fountaine 等提出了土壤正向附着力的测定方法，研制了首台土壤附着力测定仪器并对土壤正向附着力进行了测量。M. L. Nichols 等研究了土壤切线方向附着力的测定方法，并根据土壤附着力数据初步制定了土壤黏附等级。在土壤附着机理不断完善的基础上，各国也加快了土壤附着力测定仪器设备的研发，其中大部分的测量仪器采用的是整体圆盘式测头，只适用于土壤附着力小于内聚力的土壤附着力的测量，对于土壤附着力大于内聚力情况下土壤附着力的测量并不适用，仪器设备的应用范围受到一定的限制。

土壤附着机理的研究也是解决土壤和地面机械之间土壤附着问题的基础和关键点。土壤的附着特性与水膜的形成有着直接的关系，土壤附着机理的研究是以 E. R. Fountaine 提出的"水张力理论"、Zisman 和 R. A. Fisher 提出的"毛细管理论"为基础发展起来的。研究人员提出了土壤的正向附着力和切线方向附着力的产生都和土壤粒子周围形成的水膜有直接的关系。日本的研究人员秋山丰和横井肇首次提出把土壤假设为均匀的球体形状，以毛细管理论为基础，对低密度和高密度堆积状态下的土壤建立了黏附模型，并进一步明确了土壤粒子直径、土壤和材料表面接触角以及毛细管压力变化对土壤附着力的影响。由于影响土壤附着的因素比较多，国内外的研究人员在 E. R. Fountaine 的"水张力理论"基础上从不同的角度提出了新的土壤附着理论以阐明土壤附着现象的内在规律，如钱定华提出的"五层界面模型理论""分子电荷理论""黏附界面分子模型理论"和"合力理论"等。

为更准确地表达土壤附着力的构成，很多研究人员把土壤的附着力表示为各种力的代数和，如下式：

$$p = p_m + p_c + p_s + p_v + p_w + p_a \hspace{3cm} 式（1-3）$$

式中，p_m 是土壤和其他材料表面接触分子间吸引力之和；p_s 是通过边界水膜的极化分子、土壤表面双电子层外层正离子的吸附在材料表面产生的正电吸引力；p_c 是土壤与材料间形成的水膜面产生的毛细管力；p_v 是土壤水的黏附阻力；p_w 是因接触面间液体填充以及空隙间液体的化学势能不平衡而产生的压力；p_a 是土壤和材料接触面封闭时产生的负气压。

但由于不同的工况下土壤和材料接触面间的附着特性不同，上述公式中的各个力对土壤附着力的影响作用不同。一般情况下，土壤的张力和毛细管力在附着力形成过程中起到比较重要的作用。对于土壤附着系统这样一个复杂的多相系统，国内外研究人员进行了大量的理论与实验研究以期总结并明确土壤附着的机理。

首先，基础工作是确定影响土壤附着的主要因素。土壤种类繁多，其中绝大多数都含有黏土成分，黏土主要由二级矿物土粒子构成，不同的矿物质土粒具有不同的附着特性。W. R. Gill 通过实验研究证明了土粒子性状和附着力大小有直接关系，得出了一定体积土壤中土粒子数量越多，粒子直径越小，土壤附着力越大的实验结论。事实证明黏性土壤的附着力的确比沙质土和沙壤土的附着力大 2 倍以上。M. L. Nichols 通过实验研究提出土壤附着力与土壤中胶体的含量变化成正比例关系，并总结形成了经验公式。同时，土壤表面胶体正负离子的交换也会对附着力产生直接的影响，土壤中有机物的种类和含量、土壤的 pH 值也会左右土壤黏附力的大小变化。由于土壤附着力主要受接触面水膜张力影响，所以除了上述影响因素以外，研究人员在土壤含水率对附着力影响方面做了大量的理论和实验研究。大量实验数据表明，土壤附着力随土壤含水率增加呈抛物线式变化，当含水率在塑性界限和液性界限之间时土壤附着力一般会达到最大，但具体的变化关系因影响因素较多不能明确确定。在相同条件下，含水量较低且容积密度较小的土壤会表现出较好的附着性能，含水量较高且容积密度较大的土壤会表现出相对较差的附着性能，经过扰动而导致接触面形态变化的土壤比压实土壤的附着力要大1~3 倍。

其次，需要明确和土壤直接接触的各种材料对附着力的影响。土壤附着力的大小和与土壤接触材料的表面性质有关的结论已通过很多研究人员的实验数据得到了证实。如果材料表面自由能高，会表现出较好的亲水性，土壤的附着力较大；如果材料表面自由能低，亲水性差，土壤的附着力相对较小。和土壤接触材料表面的几何形状和结构组成也会对附着力有一定的影响，但表面形状和结构对土壤附着力的影响具有一定的不确定性。有研究者为减少犁面土壤的附着，把犁面设计成有均匀分布球状凸起的表面，这种表面的设计能够有效地降低阻力并减少土壤的附着。另有研究人员为使镇压辊达到减黏降阻的目的，运用创新性思路改进传统镇压辊的表面几何结构和表面材料，达到了较好的减黏脱土的实验效果。

最后，还要明确外界环境因素和外力作用对土壤附着力的影响。在土壤附着系统中正压力及正压力作用条件(如施力时间、施力速度等)对土壤附着力的产生起到主要作用。土壤附着力随着正压力的增加线性递增，在一定的正压力范围内，土壤附着力随着正压力的增加以较小的斜率线性递增，正压力超过某一数值后，土壤附着力的增加速度会逐渐变快。J. V. Stafford 通过实验证明，在某些情况下，土壤切线方向附着力也会随着正压力的增加呈现线性递增的趋势。张际先通过实验得到了土壤附着力和正压力之间的变化关系曲线。刘朝宗使用白黏土和黄黏土两种土壤分别和 UHMWPE、填充 10% 玻璃微珠 UHMWPE 基复合材料、45 钢 3 种材料接触，在施加不同正压力条件下对土壤附着情况进行了实验研究，并根据获得的实验数据，建立了两种土壤对三种实验材料的附着力随土壤含水率变化的回归方程。R. P. Zadneprovski 的研究发现，随着初始正压力的增加，不同种类土壤的法向方向附着力增加的速率差别较大；同时，正压力施加的时间越长，土壤的附着力越大，但附着力的增加是有限度的，正压力施加时间超过一定限度后附着力趋近于恒定的数值。李因武等通过土壤黏附实验证明，在其他条件不变的情况下，土壤黏附界面正压力的施加速度增加，土壤附着力也随之增大。基于此结论，在土壤附着力测定的过程中，通常需要明确规定正压力的施加速度要控制在一定范围以内，以保证附着力测量的准确性。除了正压力之外，环境温度、空气湿度、外部物体受到的驱动力、土壤切线方向阻力以及接触面摩擦力等因素都会影响到土壤附着力大小的变化。同时，有研究表明，土壤和固体表面滑动系统的切向滑动速度对于切线方向附着力的影响作用也较为明显。

目前常见的减黏脱土技术和方法，如振动脱土法、加热脱土法、机械脱土法、流体喷射脱土法、仿生脱土方法等都是基于对土壤附着机理研究的不断进展而实现的。

1.3　国内外关于土壤附着机理的研究现状及发展趋势

近年来，由于农业生产、基础建设、国防科技等领域的迅猛发展，各类地面机械的种类层数不穷，需求数量激增，与此同时对地面机械的工作质量和效率的保证提出了更高的要求。为了更好地解决土壤减黏降阻和减黏脱土问题，越来越多的研究人员开始致力于土壤附着机理方面的研究，并取得了丰硕的研究成果。

世界上很多发达的工业国家一直以来非常重视地面机械减黏脱土领域的研究。V. M. Salokhe 提出，如果对土壤和材料接触部分进行适当的表面处理或者在表面涂装涂层，会有一定的减少土壤附着的效果。H. E. Clyma 在自制土槽中进行了电渗法减黏降阻实验，取得了明显的土壤减黏降阻效果。K. Serata 在地面机械触土部件上包裹橡胶，并利用橡胶的弹性减少土壤的附着。K. Serata 还针对不同土壤在不同正压力下对不同材料的附着力特性进行了实验研究，并应用于旋耕机械减黏脱土实验中。Wang 等以探索减轻土壤附着方法为目的，试制了室内土槽实验设备，进行了一系列通过振动防止土壤附着的实验并在实验中得到了物体振动特性和土壤附着之间的关系，见图 1-1。单一的履带板和土壤接触面之间产生的推进力是由于土壤的切线方向附着力和摩擦共同作用产生的，不是单纯的摩擦。基于这个观点，Wang 等通过摩擦实验和单一履带板模型推进力测定实验，明确了土壤切线方向附着力对车辆牵引力的影响关系。实验结果表明，土壤切线方向附着力随着土壤含水率的变化而变化，根据切线方向附着力的大小把不同含水率的土壤分为干燥相、附着相和润滑相 3 个区域，见图 1-2。另外，不同土壤和履带板模型之间的牵引力测定结果表明，牵引力随着切线方向附着力的增加而增加，切线方向附着力对车辆牵引力的产生是有利的。实际测量实验结论与土壤剪切破坏的数值模型的牵引力预测值是一致的，这也证明了预测模型的正确性。

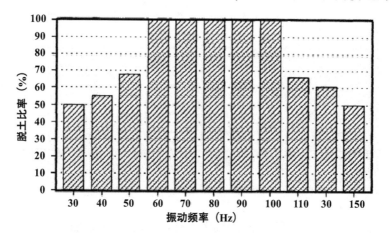

图 1-1　脱土率和振动频率之间的关系

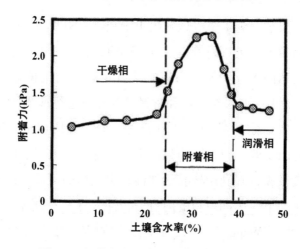

图 1-2　切线方向附着力和含水率之间的关系

　　不断深入的土壤附着机理基础研究有效促进了减黏脱土技术的发展。近年来，国外的研究人员相继开展了超声波减黏脱土技术和激光表面清污技术的研究，德国和日本分别研制出了能够有效防止附着的新型防粘材料和涂料，土壤附着理论在工农业生产中得到了更为广泛的应用。

　　我国自 20 世纪 80 年代开始，研究人员在国家和企业支持下开始了土壤附着机理方面的研究。沈震亚首次根据结构化学理论，提出了切实可行的减黏脱土方法。张际先提出了土壤黏附界面的分子模型，对土壤黏附过程进行了热力学分析，在附着机理实验研究以及减黏脱土方法研究领域也取得了相应成果。1989年吉林工业大学研制成功了一种新型土壤黏附仪器，有效解决了外力大于内聚力条件下土壤黏附力难于测量的技术难题，填补了国内此项技术的空白。杨志强设计开发了3套面向不同测试对象的微小土壤黏附力测试系统，系统能较好地实现常规微小土壤黏附力的测量，自动化程度高，试验数据重复性好，运行平滑稳定，而且个别系统还提高了测量采样频率，能够更加完整逼真地描绘出试验对象与土壤相互作用的黏附力曲线，实现更精确的微小土壤黏附力测量。

土壤黏附的仿生学研究是土壤附着机理研究的一个分支，它涉及生物物理学、分子生物学以及界面科学等多学科，是近年来减黏脱土技术的研究热点。国外很多国家较早开展了土壤动物减黏脱土机理研究，以土壤黏附理论为基础建立了土壤黏附模型，研究受力的状况及黏附层的力的传递效果，探索研究改形、改性等仿生减黏脱土技术，并研究开发了用于减黏脱土的非生物质仿生材料等。国内很多高校和科研院所对具有较好减黏脱土能力的动植物等进行了大量的实验样本采集和分类，对多种典型土壤动物在土间运动过程进行了详细的分析，并对生物脱土机理进行了深入探索。目前，仿生减黏脱土材料的研发和仿生减黏脱土技术的研究成果等已经广泛应用于机械工程、农业工程等多个领域。

随着数值模拟技术和方法的不断发展，国内外研究者针对不同的作业条件和土壤类型，进行了土壤附着机理的数值模拟研究。其中，应用最为广泛的是离散单元法（DEM）。离散单元法由王泳嘉等在1986年引入我国后，在岩土工程、采矿工程等领域得到了迅速发展，并逐渐应用于土壤力学及土壤与机械相互作用关系等方面的研究中。多相混合体的土壤本身即为离散结构，被地面机械触土部件切断分离的土壤是不连续的离散体。因此，把土壤作为离散颗粒的集合体使用DEM法进行分析，在土壤附着机理研究、土壤机械特性动态仿真的基础理论研究和相关应用技术研发方面有非常重要的理论和现实意义。离散单元法依托EDEM、ANSYS/LS-DYNA等软件在农业机械触土部件结构的优化设计分析方面发挥了巨大作用，极大提高了农业机械的生产作业效率。

土壤附着机理的研究，在自身学科发展和工业农业生产应用等方面具有非常重要的理论意义和现实意义。作为新兴学科，土壤附着机理研究的不断深入，将有力地促进土壤附着力测试仪器和表面检测仪器制备技术的提升，推动工程仿生学、微观界面科学等相关交叉学科的发展，加速新型功能材料的研发进程，从而显著改进和完善材料的减黏脱土脱附性能，使各类地面机械的工作效能得到进一步的提高。

2

土壤附着的基础理论

2.1 土壤附着机理

2.1.1 土壤附着的发生

附着现象是由固体表面和液体接触面的分子之间的相互作用而产生的，固体、液体、气体接触点处与液体表面切线方向的倾斜程度主要依赖于它们之间接触表面的这些介质内部分子间相互作用的特性。如图 2-1 所示，液体和固体表面的接触点 C 处水分子的端部，主要受到液体内部分子一侧的引力 P_1 和相对于固体表面垂直方向作用的固体表面一侧产生的引力 P_2 这两个力的作用。点 C 的液体表面的倾斜角必须与这两个力的合力 R 垂直。在液体表面和固体表面之间所形成的角度 α 即为通常意义所指的接触角。由于水滴扩大到固体表面的面积越大，$\cos\alpha$ 就会随之变大，附着力也会随之增强，因此可认为 $\cos\alpha$ 的值是反映附着力变化情况的一个重要指标。

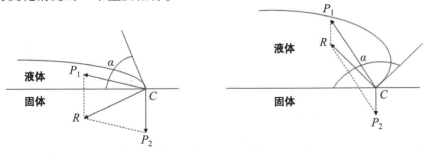

图 2-1　液体和固体之间附着力的发生

液体沿着固体表面形成 $\alpha<90°$ 的液滴时，表面称为亲液面(液体为水的情况称为亲水面)；形成 $\alpha>90°$ 的液滴时，表面称为疏液面(液体为水的情况称为疏水面)；$\alpha=0$ 的情况下液体和固体处于完全附着的状态。

当附着力在两种不同的刚体之间起作用的时候，需要施加一定的外力才能将两刚体分开。这种力是由于物体之间的引力而产生的，称为附着力。土壤与其他接触材料之间所产生的附着力，很大一部分是由于水膜的形成而引起的。利用水的表面张力原理和毛细管原理，可以说明附着力的形成机理。

表面张力是在表达毛细管现象的公式中体现和附着力之间的关系的，它通过毛细管中液体上升的高度反映表面张力的大小变化。上升的高度由下式决定：

$$h = \frac{2T\cos\alpha}{\rho g r} \qquad\qquad 式(2-1)$$

式中，h 是液面上升高度；T 是表面张力；g 是重力加速度；ρ 是溶液的密度；r 是毛细管半径；α 是接触角。

由于接触角的大小是恒定的，所以公式中的毛细管半径取理论最大值。无论从基础理论出发还是实验观察，毛细管中所形成的液体凹凸面大致是球状的。图2-2 表示了毛管的半径 r、接触角 α、理论最大毛细管半径 R 之间的关系。理论最大毛细管半径 R 可以说是从根据接触角决定的凹凸球面形状部分中求解出来的，是能够支撑表面张力的最大半径值。从理论上说，毛细管的半径 r 最大可以达到理论最大毛细管半径 R。

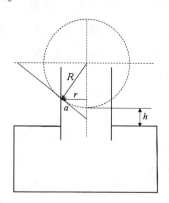

图2-2　毛管的半径、接触角、理论最大毛细管半径之间的关系

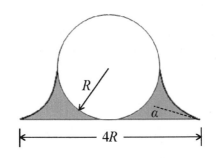

图2-3　计算附着力使用的玻璃球和水膜

根据图2-3可得出下式：

$$cos\alpha = \frac{r}{R}$$

式(2-2)

把式(2-2)带入式(2-1)中，可得：

$$h = \frac{2T}{\rho g R}$$

式(2-3)

R是理论界限半径，即表示支持水表面张力小孔的半径。因为$h\rho g$是压力，可以把式(2-3)表示为压力的测量公式：

$$P = \frac{2T}{R}$$

式(2-4)

式中，P是溶液的压力。

由于式(2-1)中的h可以表示压力的损失(小于大气压)，式(2-4)中的P是考虑水表面张力情况下作为土壤中分布的小孔尺寸大小测量方法的基础数据。正如水分张力图、压膜装置中那样，水分张力通过各种方法增加。支持水分张力的土壤中的小孔，当张力超过毛细管现象的力时，空气进入小孔，水从土壤小孔中排出。式(2-4)可表示适用的水分张力与用水填满的小孔理论最大半径之间的关系。

McFarlane和Tabor通过研究浸泡在水中的玻璃球与玻璃板之间的附着现象，证明了附着时表面张力的重要性。图2-3是用玻璃球来模拟土粒子浸水的状态，表示在材料板与土粒子之间形成的水膜。在实验中，使用的材料表面都是玻璃材质，测得的接触角大致相同。在周围形成水膜被水浸泡的状态下，水膜与玻璃板直接接触，直径扩张为土粒子直径 R 的 4 倍。根据毛细管现象的基础理论，玻璃球和玻璃板之间的切线方向附着力 F 等于接触面的圆周周长、表面张力 T 和接触角 α 的余弦三者的乘积。切线方向附着力 F 的理论计算公式如下：

$$F = 4\pi RT\cos\alpha$$ 式(2-5)

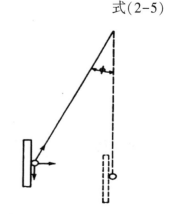

McFarlane 和 Tabor 测量了各种不同半径的玻璃球和材料板之间的切线方向附着力 F。两人将玻璃球吊在优质的纤维材料板上并进行了附着力测定实验。实验实施过程中，让垂直的纤维材料板直接接触玻璃球，然后使金属板相对玻璃球移动，由于重力的作用玻璃球就会和材料板分离开来。图 2-4 表示了通过对玻璃球作用的力和角度的调节进行附着力 F 测量的过程。这一套装置的使用，可以比较容易地测量出最小 10^{-6} 左右的附着力，测量数据如图 2-5 所示。

图 2-4　使用玻璃球测定
附着力的方法示意图

根据图中直线的斜率和式(2-5)，可以计算得到水的表面张力 T。水的表面张力在同一温度下通常为 72.7dyn/cm，而通过此实验得到的数据为 67.3dyn/cm。McFarlane 和 Tabor 认为实验中得到的水的表面张力大小满足要求，可以证明附着形成过程中表面张力的重要性。其他种类的液体的附着对表面张力的影响效果如表 2-1 所示。

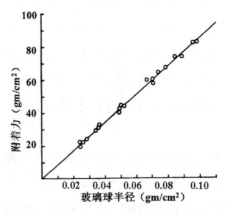

图 2-5　玻璃球半径和附着力之间的关系

表 2-1　各种材料表面张力测定值和理论值的比较

液体名	表面张力（dyn/cm）	
	计算值	一般值
水	67.3	72.7
甘油	59.0	63.5
癸烷	22.4	25.0
辛烷	19.9	21.8

Fountaine 通过实验证明了附着力对土壤中水分表面张力的影响效果。他认为，当土壤被水浸透时，土壤与接触板块之间形成水膜，水中平衡的表面张力与土壤的整体质量应相等。为了平衡表面张力，水和空气中的大部分凸凹透镜都在细小的间隙中移动。此间隙的尺寸大小与式（2-3）中的水的表面张力是相互对应的。为了测定附着力对水分表面张力的影响效果，Fountaine 设计了图 2-6 所示的实验装置。

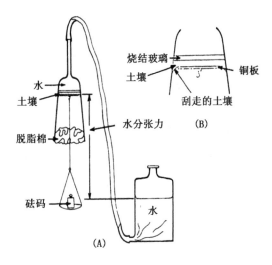

图 2-6　土壤和材料板之间的垂直负载测量装置

实验进行的第一周，需要使土壤达到物理上的平衡状态，达到平衡状态后，在实验土壤上缓慢地增加负载。如果负载施加的速度过快，在实验中测得的附着力可能会比理论计算数值要大。Fountaine 论述，出现较高的测量值还可能是由于水膜周围的张力增加所致。张力的增加是由于水分未能通过土壤传递到能够正确反映张力大小变化的玻璃板上引起的。使用 3 种土壤得到的附着力测定实验结果如图 2-7 所示。通过实验结果可以看到，砂壤土和砂土与黏壤土相比较，在高水分表面张力情况下，实验数据有一定的不一致性，这主要是由于水膜的不连续性，材料板面接触面积不确定性等因素造成的。在完全明确附着力对水分表面张力的影响机理之前，这些实验数据能够证明水分表面张力和附着力之间的影响关系。

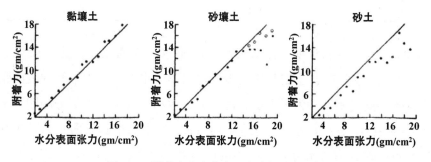

图 2-7　附着力和水分表面张力的关系比较

以土壤中的水分为研究重点，同时兼顾作为主要力的传导途径的表面张力和水分张力，土壤附着力大小变化的影响因素能够进一步明确化。由于不同材料的亲水性会影响接触角的大小，因此影响水分张力的要素，例如表面张力和亲水性，可以对附着力起到直接的影响作用。

不同液体的表面张力如表 2-1 所示。土壤溶液表面张力的大小是针对某些特定的土壤类型，由 Kummer 和 Nichols 求得的。表 2-2 所示为各种土壤溶液表面张力值。表 2-2 中对应某种土壤的实测数据只有一个数值，所以并不能准确反映其他种类土壤的表面张力。虽然苯类的有机物的混杂能够在一定程度上减小表面张力，但在普通土壤中一般很少存在此类有机物。土壤溶液中的盐在电离化后扩散到土壤溶液当中，会对表面张力产生一定的影响。

同时，有研究表明，表面张力和温度的变化有直接的关系，温度增加，土壤溶液的表面张力就会有变小的趋势。变化关系如下式：

$$T = T_0 \left(1 - \frac{t}{t_c}\right)^n \qquad 式(2-6)$$

式中，T_0 是依赖于临界系数的表面张力值；t_c 是临界温度；n 是自然数；T 是温度 t 条件下的表面张力。

温度虽然对土壤附着性能有很重要的影响，但在实际情况下实验数据几乎无法使用。但根据式(2-6)，土壤和耕作工具之间相对运动产生的摩擦热应会在一定程度上减小附着力。因此，为了减少土壤在耕作工具上的附着并改善清洗效果，在实验研究中尝试了加热的方法。大量实验结果表明，采用加热的方法并不能得到明显地减少土壤附着的效果，这种方法并不能有效地实现减黏脱土。

表 2-2　各种土壤溶液表面张力值

土壤	表面张力(dyn/cm)
Cecil	72.2
Greenville	73.2
Sumpter	72.7
Lufkin	70.5

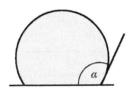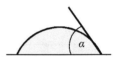

图 2-8　水和亲水性不同的材料间接触角的差异

亲水性是水覆盖在材料表面程度的评价基准。相对于亲水性较好的材料被较薄的水层完全覆盖，亲水性较差的材料表面的水通常以水滴的形状存在，只是支撑在材料表面。如图 2-8 所示，接触角 α 是衡量材料亲水性的重要指标。接触角 α 越大，水膜扩展面积越小，材料的湿度也就越小。接触角 α 与式(2-1)中涉及的角度相同，与土壤和与其接触的固体材料间都具有直接的相关性。为了产生附着现象，必须使水分同时黏结在土壤和与其接触的固体材料上。

V. C. Jamison 进行了有关土壤亲水性的实验。Jamison 在文中提到一种对水分浸润具有完全抵抗力的土壤。这种土壤表面覆盖有大面积、光滑的材料，具有优异的防水性能并能够充分地吸收表面水分。但这只是在实验室中得到的一种非典型的土壤类型，并不具有广泛性。Kummer 和 Nichols 尝试通过实验明确用于耕种工具的金属的亲水性能。通过把溶液和另一个流体相互置换的方法，在实验室中从几种不同的土壤中提取出了土壤溶液。同时，将两块清洁试验材料平行排列，垂直浸泡在实验溶液中。根据式(2-1)，溶液在板块之间向上移动，根据液面上升高度与板块之间的距离，按照如下的过程求出接触角 α 。实验中，将试验材料板块之间的距离设定为 w_1、w_2 两种，液面上升高度差用 x 来表示。根据几何学的形状及式(2-5)，有：

$$h_1 = h_2 + x \qquad \qquad 式(2-7)$$

和下式：

$$h_1 = \frac{2T cos\alpha}{g\rho\, w_1} \qquad \qquad 式(2-8)$$

$$h_2 = \frac{2T cos\alpha}{g\rho\, w_2} \qquad \qquad 式(2-9)$$

将 h_1、h_2 带入下式(2-10)，可以求解出 $cos\alpha$ ，如下式：

$$cos\alpha = \frac{xg\rho}{2T}(\frac{w_1\, w_2}{w_1 - w_2}) \qquad \qquad 式(2-10)$$

根据实验求得的金属材料和各种土壤之间的接触角，如下表 2-3 所示。

表 2-3　金属材料和各种土壤之间的接触角

金属名	接触角 α (°)			
	Sumpter 土	Cecil 土	Greenville 土	Lufkin 土
铸铁	65.5	76.7	73.7	66.5
不锈钢	81.5	80.7	81.8	80.9
犁面钢	76.5	78.5	77.6	75.6

　　除了材料的亲水性之外，影响土壤附着力的因素还有很多，但它们的效果并没有通过理论或实验得到证明。反映材料亲水性的接触角 α 应受到接触材料表面凹凸变化的影响。另外，材料表面微小的凹凸会引起微观的毛细管现象，从而增加水膜的接触。土壤加载时间如果相对较短，会影响到土壤中水分的移动量、水分张力以及附着水膜的接触面积等。对于土壤附着力，这些因素的影响效果尚未确定。

　　土壤和材料在相对移动过程中会产生摩擦，诸多要素会影响在式(2-19)中定义的摩擦系数 μ ，显然附着力是其中之一。而且，附着力产生的影响不能单纯地从摩擦中分离出来。从式(2-19)可知，与附着相关的滑动面垂直方向上的力是由系数 μ 的变化所致的。对于土壤来说，在实验中测定的摩擦系数并不是实际的摩擦系数，一般可以把实验测得的摩擦系数值作为标准来使用。

Haines 证明了土壤和金属材料间动摩擦的重要性，其关系如下：

$$\mu' = \frac{F}{N} = tan\delta \qquad \qquad 式（2-11）$$

式中，μ' 是动摩擦系数；F 是引起滑动的力；N 是滑移面垂直方向的力；δ 是土壤和金属材料间的摩擦角。

Haines 使用了多种含水率的土壤，测定了牵引滑动部分所需要的力，计算了滑动摩擦系数。典型的实验结果如图 2-9 所示，这些数据是由其他实验人员验证的。

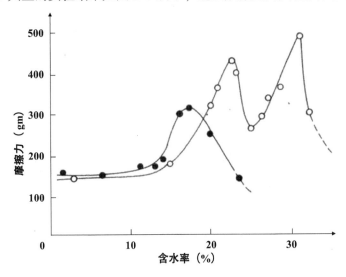

图 2-9　砂土、壤土的含水率对摩擦力的影响

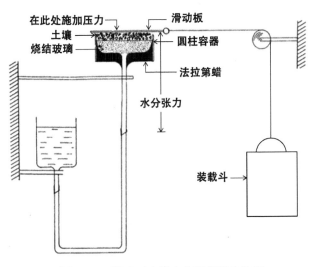

图 2-10　滑动面土壤水分吸着测定装置

一般情况下，可以基于土壤附着力理论来描述图2-9的曲线。在使用砂土的情况下，最初平坦曲线部分与式(2-19)所考虑的实际动摩擦系数一致。随着土壤含水率的提高，水膜在滑动体和土壤之间展开，附着力随之增加。附着力的增加和滑动体的重量增加相同，而摩擦力的增加是由于水分含量的变化引起的。但Haines在实验中计算的滑动摩擦系数并没有把土壤垂直方向负载考虑进来。

Fountaine和Payne在实验中证实了土壤在饱和状态下垂直负载的变化对于土壤附着的影响机理。他们使用了上图2-10的实验装置进行了实验。Fountaine和Payne使用一系列不同大小的垂直载荷分别以不同的方式加载到材料表面并对滑动体进行观察，分别求出和四种土壤接触情况下的摩擦角。实验证明，水分张力和重量都可以承担滑动体的正常负载，实验结果如表2-4所示。

表2-4 不同负载施加方式下摩擦角的变化

土壤	动摩擦角(°)	
	通过锤击机械施加垂直载荷	通过水分吸附施加垂直载荷
黏土	35	41
土	27	26
砂质土	27	31
砂	16	17

Nichols把土壤摩擦的一般相位进行了分类，相位主要取决于土壤的含水量。如图2-11所示，土壤的含水量与水膜的面积和水分张力有很大关系。因此，含水率有助于说明土壤与金属材料之间摩擦的一般行为。随着土壤中水分的增加，附着开始，接触表面的摩擦系数随之增大。虽然有足够的水分来保持高附着力，但是在水分不能自由移动表面的状态下附着力的增加受到一定的限制。

从图2-11中可以看到，在土壤附着范围内摩擦系数随着土壤含水率的变化也随之急剧变化。在摩擦相的范围内，随着土壤含水率的增加，附着力没有明显的增加，反而会有较小的减小的趋势。由于垂直负载直接作用于接触面积，接触面积的增加比附着力降低的速度要快。因此，垂直载荷的增加使得接触表面有较高的摩擦系数。如果继续在土壤中增加水分，直到失去水分张力，附着力减小的速度比水膜面积增加的速度要快，所以实际上总负载会减小，附着力明显增加。

最后的润滑相范围内，有足够的水分能够引起低水分张力并形成土壤和金属摩擦面之间平滑的自由水面，从而使总附着力下降。因为润滑相的摩擦系数比摩擦相通常要高，所以用润滑相描述此区间也有不恰当之处。

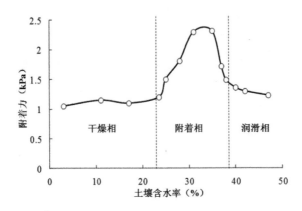

图 2-11   根据含水率确定的土壤附着三相

2.1.2   亲水性、疏水性和附着力之间的关系

土壤中的水分形态主要分为三种：重力水、毛细管水及吸附水。如果是土粒子的话，吸附水的存在形态可能多少有些不同，但是在接触面也存在与土壤内部基本相同的水分形态。从材料来看，越容易沾水的材料就越容易产生附着现象。也就是说，水渗入材料境界面，达到毛细管水膜容易形成的状态，这种材料即是所谓的亲水性材料。亲水性是指水附着在材料表面的难易程度。所谓高亲水性的材料，其表面在接触水分时完全或者大部分是被薄水层所覆盖的。与此相对，疏水性材料仅在材料表面形成水珠，由于毛细管水膜难以形成，附着力相对较小。对于土壤来说，容积浸润，保持水分能力强的土壤具有较强的附着性能。另外，对于黏土类型的土壤，相比毛细管水膜的力量，吸附水膜的力量在附着力形成方面会起到更明显的作用，在这种情况下，后者发挥的作用更大，附着也可以认为从这个状态开始。图 2-8 所示的是水和不同材料接触状态下的接触角 α，α 越大，水分的扩张范围越小，材料表现出的亲水性越差。

由此可见，在防止土壤附着时，应着眼于材料与土壤接触之间存在的水分。为了使接触面的表面张力减少，可以通过控制接触面水分存在量和存在形式等具体的方法。通过在材料表面使用疏水性材料或亲水性材料，研究人员进行了一系列防止土壤附着的实验。例如，通过在轮胎上涂抹一层防水性材料，能够得到一定的防止土壤附着的效果。不过，由于土壤种类的不同，减黏脱土效果和使用耐久性存在着很大的差异，此类问题并未得到很好的解决。具体来说，在轮胎和地面接触的表面覆盖一层疏水性材料，如聚烃硅氧膜、氟膜、聚烃硅氧油等，通过此方式进行了各种各样的行驶实验，但并没有取得理想的减黏脱土效果。由于此类方法实用性不强等各种各样问题的存在，很难对车辆减黏脱土方面的研究起到积极的作用。

2.1.3　固体表面液体的扩展

2.1.3.1　表面张力

在液体内部，由于分子间的凝聚力，分子间相互拉伸并保持平衡。但在液体表面，这种凝聚力对液体内部起作用，液体的表面积将变小，液体表面会形成类似拉伸橡胶薄膜的状态。

由于液体的表面时常处于收缩的状态，因此如果将表面上的曲线 s 的微小部分设为 ds ，与 ds 垂直方向上发生的力设为 dF ，如图 2-12 所示，则表面张力（surface tension）σ 可表示如下：

$$\sigma = \frac{dF}{ds} \qquad\qquad 式（2-12）$$

式中，σ 是液体表面的切口的单位长度附近的表面张力，其单位为 N/m。

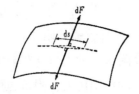

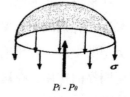

图 2-12　液体表面张力　　　　图 2-13　作用于液体表面的压力差和表面张力

一般情况下，表面张力随着液体温度的上升而减小，同时根据液体表面接触的流体的种类而实时地发生变化。在表 2-5 中列出了各种常见液体的表面张力值。在球状液滴的情况下，由于其表面张力会使球体积缩小，所以球状液滴内部

的压力 P_i 高于其外部压力 P_0 。如果设球状液滴的半径为 r ，根据半球部力的平衡（图 2-13），液滴内外的压力差可以表示如下：

$$2\pi r\sigma = (P_1 - P_2)\pi r^2$$

$$P_1 - P_2 = \frac{2\rho}{r} \qquad\qquad 式（2-13）$$

上述式（2-13）也适用于液体中有大量小气泡的情况。

表 2-5　各种液体的表面张力

液体	温度（℃）	表面张力（dyne/cm）
水	20	72.75
	25	71.96
苯	20	28.88
	25	28.22
正辛醇	20	27.53
己醇	25	24.4
丁醇	25	24.5
三氯甲烷	20	27.14
乙醇	20	22.27
辛烷	20	21.8
水银	20	476
	25	474
氨	-29	41.8
氦	-269.6	0.16

2.1.3.2　界面张力

所谓"液体的表面"，严格来说就是"气体和液体的界面"。另外，"固体的表面"是指"气体和固体的界面"。由此可以得出，表面张力作为一般化的概念，通常指的是界面张力。当液体浸润于固体表面时，液体和固体之间的界面就会存在界面张力。在水和油等不混合的两种液体之间会形成明显的液体界面，因此这里也存在着界面张力。另外，在通过接触剂粘接的固体之间，固化的黏合剂与被黏着剂之间存在固体和固体之间的界面张力。

液体的表面张力，从根本上讲是由固体一侧分子之间相互作用的分子间力和大气一侧分子之间相互作用的分子间力的平衡问题引起的。界面张力的情况也同样，是由界面两侧工作的分子间力的平衡的问题所引起的。并且，与表面张力试图减小接触表面积的性质相同，界面张力同样具有试图减小其界面面积的基本性质。

2.1.3.3 毛细管作用

如果在各种液体中竖直插入细管，则管内的液面有时会比外部的液面高，有时会比外部液面低。具体呈现出哪种现象，主要取决于液体的凝聚力和管壁的附着力的相互作用。附着力比凝聚力大的时候，管内的液面会比外部的液面高，反之则变低。这种现象即为通常所说的毛细管现象。如图 2-14 所示，液面和管内侧表面形成的角（液体内部测量）θ 即为接触角。表 2-6 中给出了与玻璃面发生接触时各种液体的接触角的数值。

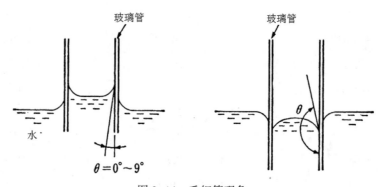

图 2-14 毛细管现象

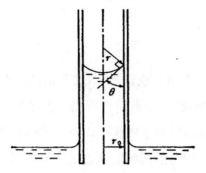

图 2-15 细管的毛细管现象

表 2-6　玻璃面和各种液体之间的接触角

液体	乙醇	苯	水	乙醚	水银
θ (°)	0	0	0~9	16	130~150

如图 2-15 所示，在与空气接触的密度 ρ 的液体中垂直竖立管道半径为 r_0 的细管时，当接触角 θ 小于 90°时，液体在细管中上升。此时，假设管内液体向上凹陷形成半径为 r 的球面，可得 $r = r_0/cos\alpha$。由于表面张力的存在，液面上的液体压力 P_W 比液面上的空气压力 P_0 低，其差值可根据式(2-13)表示为 $\Delta P = P_0 - P_W = 2\sigma/r$。根据此压力差，可得出管内液体上升力计算公式 $\pi r_0^2 \Delta P = \pi r_0^2 2\sigma/r = 2\pi r_0 \sigma cos\theta$。这个数值根据力的平衡等于管内液体的重量。

$$2\pi r_0 \sigma cos\theta = \rho gh\pi r_0^2$$

这里 h 是管内液面平均高度，由上式可得：

$$h = \frac{2\sigma cos\theta}{\rho g\, r_0} \qquad\qquad 式(2-14)$$

液体为水的情况下，若接触角为 $\theta = 0°$，则水面的上升高度为：

$$h = \frac{2\sigma}{\rho g\, r_0}$$

如果使用的细玻璃管的半径小于 2.5mm，其内部表面非常清洁，则由式(2-14)计算得出的液面上升值和实际相符。但如果使用的细玻璃管的半径较大或管内不干净，液面的上升值将比计算值小。

2.1.3.4　接触角与浸润

洁净的玻璃杯内表面是比较容易被水浸润的。但使用过多次且内壁清洁度变差的杯子，其浸润性也会随之变差。另外，即使是同一种材料表面，也会因为使用场所的不同表现出不同的浸润性，这种现象在日常生活中是非常常见的。在自然界当中也有很多类似的现象，如由于植物叶面浸润性较差，在其上附着的水滴常呈现球体形状。对于这种浸润的状态，一般用"浸润性好"或"浸润性差"来表达。但是，这些只是感官上的表现方法，为了科学地定义和分析此类问题，需要客观的、定量的表现方法。

根据这一要求，现在主要通过"接触角"将浸润程度定量化表示。接触角一般定义为静止液体的自由表面和固体壁接触点位置形成的液面和固体面的夹角（取液体内部的角），如图 2-16 所示。当液体轮廓曲线与固体表面的交点称为"端点"时，比接触角更严格的定义是端点处的液体轮廓的切线方向与固体表面形成的夹角。

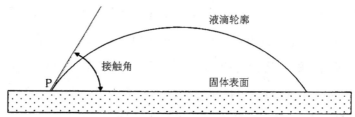

· 在固体表面滴落一滴液体，从正侧面看液滴的形状，这个时候固体表面和液体表面的夹角称为接触角。
· 更严密的表达，液滴轮廓与固体表面的交点P中，液体轮廓的切线方向与固体表面形成的夹角称为接触角。

图 2-16　接触角的概念

如果引入了接触角这个概念，就能用具体的数值客观地、定量地表现材料浸润性的好坏，而且从感官上更加通俗易懂，如图 2-17 所示。表 2-7 表示的是水和各种固体材料表面接触时形成的接触角。表 2-8 表示的是其他种类的液体和各种固体材料表面接触时形成的接触角。

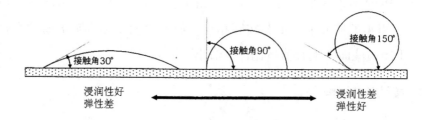

图 2-17　浸润性与接触角

表 2-7　水和各种固体材料表面间的接触角

固体材料	接触角(°)
石蜡	108
聚苯乙烯	107
硬脂酸	106

固体材料	接触角(°)
聚四氟乙烯	98
聚乙烯	88
钢铁	70~90
石墨	60
十四烷醇	60
十六烷醇	50~75
硬脂酰醇	45
白金	25
金	0
玻璃	0

表 2-8 其他种类的液体和各种固体材料间的接触角

固体材料	液体	接触角(°)
钢铁	水银	154
玻璃	水银	140
石蜡	甘油	98.5
石蜡	乙二醇	81.5
玻璃	苯	0
石墨	苯	0

湿润现象是由固体与液体各自的表面张力 γ_S、γ_L 及固体/液体间的界面张力 γ_{SL} 的平衡决定的。详细的内容将在后面的章节中叙述，固体/液体各自的表面张力和固体/液体间的界面张力之间的关系可以通过 Young 总结的公式进行表示：

$$\gamma_S = \gamma_L cos\theta + \gamma_{SL} \qquad 式(2-15)$$

式中，θ 是接触角，可取 0°~180°之间的任意数值。

2.1.3.5 接触角的测量方法

接触角的测量方法很多，其中具有代表性的接触角度测量方法是 Wilhelm 吊板法(垂直板法)和液滴法(静滴法)。

2.1.3.5.1 Wilhelm 吊板法

通过下图 2-18 的实验装置，可以准确测量接触角的大小。

具体操作过程中利用液面将吊板向倾斜方向拉伸，来实现接触角的测量。首先，使用接触角为 0° 的吊板，先测量出固体表面张力 γ_L。其次，使用需要测量接触角的材料制作的吊板测量拉伸力 $\lambda \cdot \gamma_L \cdot cos\theta$，进而计算出接触角(λ 是吊板的周长，如果预先测量 γ_L，未知量只有 $cos\theta$)。

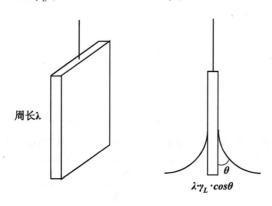

图 2-18　Wilhelm 吊板法测量接触角

2.1.3.5.2 液滴法(静滴法)

液滴法是指在固体材料表面滴下液滴，通过正侧面观察测定角度的方法，如图 2-19 所示。液滴法虽然是非常简单直观的测量方法，但与 Wilhelm 吊板法相比，需要设定的测量条件很多。

首先，固体材料表面滴下的液体量有精确的要求。液体量过多的话很难捕捉到液滴的整体图像，从而使得角度难于测量，液体量过少的话蒸发会影响到角度的测量，同时也容易受到固体表面污染物的影响。液量一般控制在 1~5μL(按液滴大小来说，相当于液滴直径为 2~3mm)。但是，因为根据液量多少不同也有可能发生接触角度的变化，所以在以材料间的比较为目的的时候，应该使用一定的液量统一进行测量。如图 2-20 所示，在针尖处滴入一定液量的液滴，使针尖平稳地向下移动，液体滴下的瞬间从球状状态变成半球状，与此同时接触角变为前进接触角。但是，因为拔针时会给液面带来振动，所以角度多少会缓和一些，接近平衡接触角。如果较长时间放置不动，液体会慢慢蒸发，转变成后退接触角。

因此，液滴滴下后，不同时间测定的接触角度各不相同。如果需要达到测量的再现性，就必须在一定条件下进行测量，比如25℃室温，液体滴下后10s或30s后完成测量。

图2-19 液滴法测量接触角

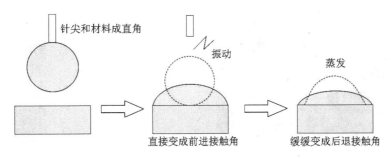

图2-20 液滴法测量接触角时标准的液滴放置方法

J. Z. Zhang在实验研究中，基于液滴法并使用数字显微镜（图2-22，图2-23），通过图像方法得出了接触角。关于接触角的测量，可以使用三点法或θ/2法等角度读取方法，如图2-21所示。三点法是忽略重力影响效果的方法，如果液体液量只有μL量级且密度和水比较接近的话，用三点法测量接触角是完全可行的。假设重力可以忽略不计，那么液面就成了完整的球体的一部分，从正面看会形成正圆形。液滴外轮廓和水平直线交点处沿外轮廓切线方向和水平方向（固体表面）之间形成角度θ，交点与圆形外轮廓顶点连线和水平方向形成的角度约为θ的一半。因此，在图2-21中，如果将圆形轮廓的高度设为h，底边的半径设为d，则可得到$tan(\theta/2) = h/d$的关系式。也就是说，如果在液滴的形状下测定固体表面和液滴顶点的位置3点的话，h和d也就随之确定下来了，接触角就能够使用上述关系式求出。准确测定角度本身难度较大，在测量过程中会产生误差，如果是通过间接测量接触点和顶点位置来计算接触角，无论是目测还是图像处理都能够简单而准确地完成测量。另外，通过三点法也可以从液体重量和液体的表面张力来估算重力对接触角的影响。

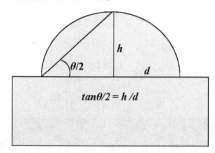

$$tan\theta/2 = h/d$$

图 2-21　三点法测量接触角

图 2-22　数字显微镜和图像处理装置

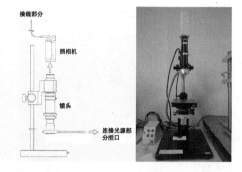

图 2-23　照相机、镜头、支架及其示意图

2.2　切线方向附着力

2.2.1　含水率对切线方向附着力的影响

通过不同含水率的土壤与钢铁材料的剪切实验，可以求出土壤含水率与切线方向附着力之间的关系。土壤含水率较低时，虽然附着力小，但随着含水率的增加土壤附着力也会随之增加。附着力达到最大值后，随着含水率的增加土壤附着力会有减小的趋势。影响附着力变化的不同含水率区间分别称作干燥层、附着层和润滑层。

2.2.2　切线方向附着力的测量

McFarlane 和 Tabor 通过在饱和状态下测量玻璃球与玻璃板之间的附着力，明确了附着力对表面张力的重要性。图 2-24 表示了饱和状态下水平玻璃板与玻璃球之间形成的水膜。

在实验中，水平玻璃板与玻璃球两者的表面均为玻璃材质，因此接触角相同。该水膜呈饱和状态，若设定球半径为 r 时，水膜以直径 $4r$ 的圆形接触玻璃板。基于毛细管现象的概念，将玻璃球与玻璃板在垂直方向拉开的力 F_{ay}，等于在接触面积上的表面张力 T 和 $cos\alpha$ 的乘积（α 是接触角），关系式如下：

$$F_{ay} = 4\pi RT cos\alpha \qquad 式（2-16）$$

但是，式(2-16)在物理学上考虑的话应该是不完备的。由于 F_{ay} 是垂直方向将玻璃球从玻璃板上拉开的力，式(2-16)的 $cos\alpha$ 必须变为 $sin\alpha$。

图 2-24 所示的垂直方向上的附着力 F_{ay} 与水的表面张力 T 呈比例关系，如式(2-16)所示。因此，可以认为切线方向的附着力 F_{ax} 也同样与水的表面张力 T 呈比例，使用 T 的切线方向投影数值 $Tcos\alpha$，水膜圆周长 $S = 2\pi R$，可以得出切线方向附着力的假想公式：

$$F_{ax} = kST cos\alpha \qquad 式(2-17)$$

式中，k 是包含影响附着力各不明因素的基础上的比例常数值。

在式(2-17)中，水的表面张力 T 一般为 72.7dyn/cm(室温)，水的接触角 α 为 $0°\sim 9°$，因此 $cos\alpha$ 被认为接近于 1，F_{ax} 为 R 的函数，如果 F_{ax} 和 R 均已知的话则可求出比例常数 k。在实际土壤剪切过程中，由于切线方向上玻璃球与玻璃板之间的摩擦力在起作用，所以不能仅测量 F_{ax}，此问题必须在附着力测定中考虑到。

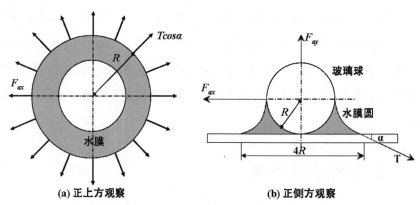

图 2-24　玻璃球与板材之间形成的水膜

因此，如果将玻璃球在切线方向上移动所需的拉伸力设为 F，考虑 F_{ax} 和玻璃球与玻璃板之间的摩擦力，可得下式：

$$F = F_{ax} + \mu(W + F_{ay}) \qquad 式(2-18)$$

式中，μ 是摩擦系数，W 是玻璃球的重量。

通过实验实际能够测量的是这个拉伸力 F，通过从实际测量值减去摩擦力，可以计算得出 F_{ax} 的数值。另外，此时通过测量玻璃球与玻璃板之间形成的水膜圆半径(或直径)，可根据式(2-17)求出系数 k。根据求得的系数 k，可以导出切线方向附着力的计算公式。

若想准确表达切线方向附着力公式，必须测量在接线方向的拉伸力 F、玻璃球与玻璃板之间工作的摩擦力及在玻璃球与玻璃板之间形成的水膜的半径 R。具体的实验装置和实验方法将在后续章节中进行详细的说明。

2.3 土壤和物体间的摩擦与附着

2.3.1 土壤和物体间的摩擦

在土壤剪切过程中，当两个土块的接触面发生相对运动时，在接触面会有力的产生。此类工况下库仑摩擦法则是适用的，但实际摩擦力的本质尚不清楚。根据库仑定律，摩擦系数可用如下公式表达：

$$\mu = \frac{F}{N} = tan\psi \qquad 式（2-19）$$

式中，F 是接触面上切线方向摩擦力；N 是接触面上垂直方向的载荷；μ 是土壤之间的摩擦系数；ψ 是摩擦角。

如图 2-25 所示，要移动上方的土块，必须施加一定的力。而且，施加力的大小必须超过 F。μ 是反映一个土块在另一个土块上方移动的力学关系方程式中的重要参数。因此，在土力学中摩擦系数 μ 是表示土壤力学特性的参数之一。

式（2-19）仅限于表达土壤滑移过程是单纯摩擦的情况。根据大量实验结果可知，μ 不受垂直载荷、接触面积和滑移速度的影响。式（2-19）虽然并不适用于所有的土壤类型，但对于表达土壤滑移运动变化情况是足够的。所以只要在土壤滑移过程中不产生过大的负载和速度，本实验公式就可以适用。如果使用关系式（2-2），在土壤发生完全分离以及胶体移动开始的瞬间等情况下土壤滑移运动变化情况是难于表达的。

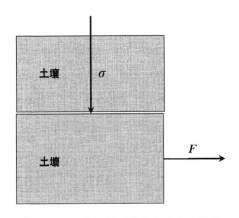

图 2-25　土块间的垂直方向力和摩擦力

另外，摩擦系数 μ 会根据土壤的含水率的不同发生较大的变化。在土壤水分多的时候，水分起到润滑剂的作用，称作润滑相。水分少的时候，摩擦接触表面没有水分，摩擦系数 μ 不受含水率的影响，这种情况称作干燥相。土壤含水率处于干燥相与润滑相之间时，称作附着相。在附着相中，随着土壤含水率的增加，摩擦系数 μ 也会随之增加。

具体的摩擦系数 μ 一般使用图 2-26 所示的土壤剪切实验箱等装置进行测量。全部的负载通过土壤进行传递，将楔子夹在填满土壤的上箱体和下箱体之间，位置稳定后把楔子拆下来形成一道间隙。由于土壤的剪切断裂发生在上箱体和下箱体之间，所以图 2-26 中的 F 等于摩擦力。考虑到摩擦系数不受负载的影响，实验中施加一系列负载，可得到摩擦力的直线图，该直线的斜率即为摩擦系数 μ。Nichols 和其他研究人员通过移动圆柱的中央部分，对两面之间的剪切破坏情况进行了研究。这种实验方法在土壤剪切过程中能量的损失较小，测得的摩擦系数 μ 的值在 0.2~0.8，如图 2-27 所示。

摩擦力不仅仅发生在土块之间，土壤和其他材料之间也会产生摩擦力。耕作工具所使用的材料一般为钢铁或塑料，车轮、履带板等接地部件则较多的使用橡胶材料。土壤与其他材料之间的摩擦系数 μ，除了将上箱体置换为相应实验材料之外，基本上采用与图 2-26 所示的相同的实验装置进行测量。为了区别不同类型的摩擦系数，在 μ 的下角标位置需要添加表示土和相应材料的符号。土壤与其他材料之间的摩擦系数 μ 遵循上述摩擦力的一般规律。影响摩擦系数的因素和土壤附着机理密切相关，目前针对此问题的研究正在不断进展和深入。

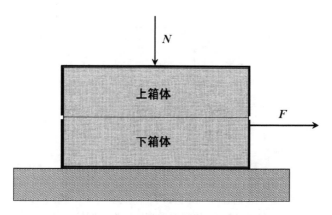

图 2-26 剪切破坏过程中摩擦系数的测量方法

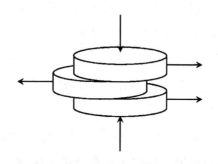

图 2-27 圆柱体两面之间的直接剪切

2.3.2 土壤和物体间的附着

土壤剪切时,剪切面产生的剪切力由下式表示:

$$\tau = C + \sigma tan\varphi \qquad 式(2-20)$$

式中, C 是附着力; φ 是内部摩擦角; σ 是垂直应力; τ 是切线方向应力。

当土壤与物体的接触面发生相对运动时,其表面产生力。方程式如下所示:

$$F = AC_a + A\sigma tan\delta = A\tau$$

$$\tau = C_a + \sigma tan\delta \qquad 式(2-21)$$

式中, τ 是剪切应力; C_a 是附着力; σ 是垂直应力; δ 是土壤的外部接触角(土壤和物体)。

切线方向的附着力有助于车辆行驶装置中的履带履刺和轮胎的推动力的增加,与车辆行驶装置牵引力的发挥以及作业装置的减黏脱土性能有着密切的关系，近年来一直备受关注。

如图 2-28 所示，车辆的推进力是由作为行驶装置的履带、轮胎和土壤间的相互作用而产生的，通过土壤和行驶装置的剪切作用而产生剪切力，并将其转化为车辆的推进力。但是，在土壤和材料的接触面上不仅仅有单纯的摩擦力，切线方向的附着力是与摩擦力并存的。考虑切线方向附着力的情况下，通过表达式 (2-21) 来表示由履带、轮胎表面和土壤的相互作用产生的推进力 F。

切线方向附着力给车辆提供足够推进力的同时，土壤的附着也会造成车辆行驶性能的降低。土壤附着机理研究的重点和难点是，既要充分发挥车辆的推进力，同时还要考虑到尽可能防止土壤的附着。为此有必要进一步深入研究土壤的切线方向附着机理。

2.4 土壤各因素对附着性能的影响

2.4.1 土壤的质地

有研究表明，黏附力较大的土壤比普通的砂土的附着力至少大几倍以上。如果土粒子粒径小于 0.001mm，土粒子的接触面积增大，当含水率增加并接近于 10% 时，附着力最大可接近 40kPa。在含水率相同的情况下，如果土粒子的粒径均大于 0.001mm，附着力将减小到 10kPa 左右。通过此研究发现，土粒子粒径越小，单位体积内粒子数量越多，土壤的附着力越大。为了有效评价各类土壤对物体的附着程度，有实验人员根据实验测定值，将土壤附着力大小分为若干级别，如下表 2-9 所示。

表 2-9 土壤附着力分级

附着力（Pa）	10~50	50~200	200~500	500~1500	>1500
土壤	无黏性	弱黏性	中等黏性	强黏性	最大黏性

Nichols 认为土壤和金属材料表面附着力最大值 F 和土壤中胶体的含量 C 呈正比，并总结了如下关系式：

$$F = 0.0044C + 0.48 \qquad 式（2-22）$$

黏性土粒子含量和土壤塑性指数关系密切，对于大部分土壤来说，两者均近似于线性关系。塑性指数是反映黏性土壤力学特性的重要参数，但并不适用于砂质土壤力学性能的评价。塑性指数是反映多个因素影响效果的综合性指标，和黏性土粒子数量的多少、土壤中的化学成分构成、矿物成分构成以及土粒子与水的相互作用情况直接相关。塑性指数与黏性土粒子含量的比值为土壤的胶体活动性指数，其关系式如下：

$$A_c = P_1 / P_c \qquad\qquad 式(2-23)$$

式中，A_c 是土壤的胶体活动性指数；P_1 是塑性指数；P_c 是粒径小于 0.002mm 土粒子的含量。

表 2-10　黏性土壤分类

胶体活动性指数	黏土种类
$A_c < 0.75$	不活动黏土
$0.75 < A_c < 1.25$	正常黏土
$A_c > 1.25$	活动黏土

土壤的胶体活动性指数主要反映塑性指数表征的黏性土粒子在土壤中的含量对于土壤力学特性的影响，同时也能够在一定程度上反映亲水性各异的矿物质成分对土壤学特性的影响。有研究表明，土壤的胶体活动性指数也能反映土壤对物体的附着能力。从式(2-23)中可以看出，塑性指数不同，即使黏性土粒子含量相同，土壤的附着性能也会表现出差异。常见土壤的 A_c 值如下表 2-11所示。

表 2-11　常见土壤的 A_c 值

土壤类型	胶体活动性指数
高岭石	0.33~0.46
伊利石	0.9
Ca-蒙脱石	1.5
Na-蒙脱石	7.2

在塑性范围内的土壤表面假设覆盖有延伸至毛细管的连续水膜。气体/水

界面的曲率半径主要取决于形成水膜的水量多少。水膜吸附在土粒子上的物理状态在一定程度上反映了土壤的可塑性。土壤的塑性和土粒子周围以及土粒子之间形成的水膜有直接的关系，水膜的尺寸和数量等参数都会影响土壤塑性的变化。而形成水膜数量的多少与土粒子粒径的大小以及比表面等因素相关，水膜的尺寸主要取决于土粒子的黏土矿物质特性。不同种类的土壤因其黏性土粒子含量不同而表现出不同的塑性。如图 2-28 所示，在粒径小于 0.5μm 情况下，伊利石与高岭石的塑性均比粒径小于 1μm 时的塑性高；相同粒径级别下伊利石的塑性比高岭石要高。在图 2-28 中，黏性土粒子含量的增加会使引起塑限的水分含量变高和塑性增加；黏性土粒子含量减少，塑限的水分含量有减少的趋势，液限和塑性指数出现了明显的减小。黏性土粒子含量决定了可以吸附水分的表面积大小，即决定了土壤塑性和附着界面能够形成的水膜数量。塑性指数常作为衡量黏性土粒子含量的衡量标准，能够反映由塑限厚度到液限厚度所能够形成水膜的数量。

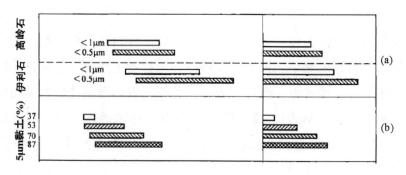

图 2-28 黏性土粒子含量与土壤塑性

在一般情况下，当含水率超过内聚力的条件下土壤才能够附着在物体表面。在高含水率的土壤中，水分吸附在土粒子和物体表面，在物体和土壤之间形成水膜。土壤以形成的水膜为介质实现在物体表面的附着。若形成土粒子之间的水膜及物体表面吸附力需要的水分量达到适合的区间，土壤将会具有最好的附着性能。大量实验表明，土壤中黏性土粒子的含量直接影响土壤和物体接触面形成的水膜数量，进而影响土壤对材料的附着性能。

Gill 和 Vandenberg 在实验中证明，土壤达到最大黏附的含水率要高于最大黏结的含水率，如图 2-29 所示。从图中实验土壤的黏附曲线和黏结曲线可知，在相同的实验条件下，土壤的最大黏附力大于最大黏着力，此时土壤的含水率较高，土壤和材料间大量形成的水膜使土壤具有较强的附着性能。

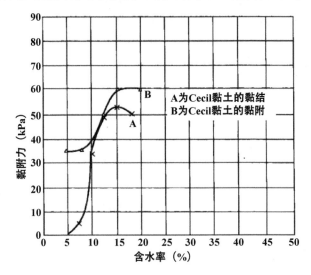

图 2-29　黏附黏结性能与含水率的关系

不同质地的土壤中黏土矿物质的含量各不相同，而黏土矿物质则决定了土壤中黏性土粒子数量的多少。因此，不同种类的土壤的附着性能差异较大。例如以蒙脱石为主的黏土因黏土矿物质的含量和结构的影响表现出比高岭土更强的附着性能。

土壤粒子颗粒的形状也是影响附着性能的重要因素之一。通过电子显微镜的观察发现，土壤中绝大部分的黏土矿物质是片状的。很多土壤粒子的形状并非圆形，如高岭石的土粒子形状为六角形片状，埃洛石土粒子形状为杆状等。由于片状土粒子定向排列密度高，和材料的有效接触面积大，一般情况下比球状和杆状土粒子的附着性强。

土壤粒子胶体表面阳离子的半径和价数不同，也会影响到土壤的附着性能。研究人员实测了粒径小于 0.01mm，黏性土粒子含量为 49.39% 和 58% 的两种土壤，得出了土壤对不同材料的最大附着力数值，如表 2-12 所示。从表中可以看出，随着黏性土粒子含量的增加，土壤对于大部分材料的附着力都随之增加，但增加的速率各不相同。

表 2-12　土壤对不同材料的最大附着力

材料	土壤 1 附着力（Pa）49.39%（粒径<0.01mm）	土壤 2 附着力（Pa）58%（粒径<0.01mm）	最大附着力增加值（%）
钢（L65）	1800	2270	26.11
聚四氟乙烯	865	824	-4.74
高密度聚乙烯	1620	1910	17.9
低密度聚乙烯	1840	2060	11.96
塑胶玻璃	1640	2010	22.56
卡普纶	1900	2210	16.32
共聚物 SNP	1600	2170	35.63
SKM-1	1770	2360	33.33
硅酸盐漆 K-1	1700	2360	38.82
铜	1610	1970	22.36
不锈钢	1610	2200	36.65
石蜡	1560	1790	14.74
搪瓷	1570	1890	20.38

　　张际先对不同类型的土壤的黏附性能也进行了实验测定。从实验数据可知，在给定的正压力条件下，土壤从塑性界限开始出现明显的附着现象，到液限附近时附着力达到最大值。实验结果表明，最大附着力数值和黏性土粒子含量有直接关系。黏性土粒子含量越高，对土壤中水分的作用越明显，单位接触面积内的黏性土粒子数量越多，土壤的附着力增加；反之，黏性土粒子含量越低，土壤的附着力会随之减少。不同土壤在塑性方面的差异，也会造成附着力有较大的变化。在含水率相同的情况下，塑限高的土壤相比于塑限低的土壤来说土壤更不易变形，附着力也相对较小。

2.4.2 土壤溶液

Kummer 和 Nichols 通过实验测定了四种土壤溶液的表面张力值，发现了土壤溶液的性质对附着力的影响关系。从表 2-13 的实验数据可知，不同类型土壤的溶液性质差异会造成土壤的表面张力发生变化。Kummer 和 Nichols 在实验中提取了几种典型土壤溶液，并测定了土壤溶液对不同金属材料板表面的浸润性，实验结果见表 2-14。实验结果表明，同一种金属材料对于不同土壤溶液的浸润性存在差异，但差别较小；不同金属材料对于同一种土壤溶液的浸润性差别较大。

表 2-13　土壤溶液的表面张力

土壤	表面张力(0.001N/m)
Cecil 黏土	72.2
Greenville 砂壤土	73.2
Sumpter 黏土	72.2
Lufkin 黏土	70.5

表 2-14　土壤溶液在材料表面的浸润角

材料类型	浸润角(°)			
	Sumpter 黏土	Cecil 黏土	Greenville 砂壤土	Lufkin 黏土
铸铁	65.5	76.7	73.7	66.5
不锈钢	81.5	80.7	81.8	80.9
犁铧钢	76.5	78.5	77.6	75.6

V. Y. Kalachev 研究了蒙脱石和高岭土溶液中盐的浓度对土壤附着性能的影响，总结了土壤溶液中盐的浓度和附着力之间的关系。图 2-30 表明，土壤溶液中盐类浓度的变化会对土壤附着性能产生直接的影响。如随着土壤中 NaCl 浓度的增加，附着力有先增加再减小的变化趋势；而土壤中 $FeCl_3$ 浓度的变化对附着性能的影响比较有限。V. Y. Kalachev 还针对蒙脱石黏土中非纯水的不同溶液对附着力的影响进行了实验研究，其结果如图 2-31 所示。

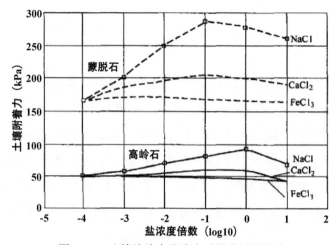

图 2-30 土壤溶液中盐浓度对附着性的影响

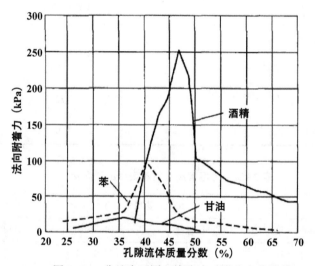

图 2-31 非纯水不同土壤溶液对附着力的影响

另有实验表明，土壤溶液中的分子特性、粒子种类和浓度等对土壤附着性能有很大影响。土壤水是极性分子，当土壤中的水分与材料表面接触时，水分对附着界面的连接起到决定性作用。土壤溶液的分子性能发生变化时，其附着性能也会随之发生变化，张际先在土壤黏附实验中用不同种类的液体代替土壤水，证明了土粒子之间主要是由于土壤水的极性作用吸附在一起这一结论的正确性。土壤的附着性能与土壤孔隙溶液中一价和二价阳离子的浓度呈极值曲线关系，也就是说当土壤溶液中离子浓度增加时，土壤附着性能增强；离子浓度达到一定数值后，土粒子之间间距减少进而出现凝聚现象，土壤附着性能开始减弱。

2.4.3 土壤的含水率

大量试验结果证明，土壤含水率直接影响接触界面的水膜张力，土壤含水率的变化对附着性能的影响较大。对于绝大多数土壤来说，法向附着力和切向附着力随着土壤含水率的增加呈现出先增后减的变化趋势。土壤处于塑限与液限之间时，对物体的附着性能最好。

I. N. Nikolaeva 和 P. U. Bakhtin 使用土壤试样和圆形钢板，在初始压力为 20kPa、施加压力时间为 3min 的条件下，对土壤试样(粒径小于 0.01mm 的黏性土粒子含量为 60% 的土壤)进行了含水率变化情况下法向附着力和切向附着力的测定实验，结果如图 2-32 所示。实验结果表明，土壤在不同含水率的情况下产生的切向附着力均小于法向附着力。法向附着力随着土壤含水率的增加变化幅度大，相比之下切向附着力变化较为平缓。无论是法向附着力还是切向附着力，其变化过程中都出现了峰值，附着力的峰值出现在土壤含水率适中的条件下。

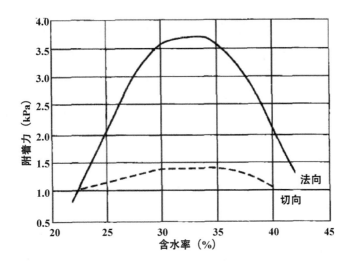

图 2-32　土壤含水率和附着力之间的关系

钱定华的实验表明，表面粗糙度分布在 0.5~10μm 的白口铁与重黏土，在含水率为 20%~60% 的范围内，测得含水率在 40%~50% 时土壤的附着力最大；

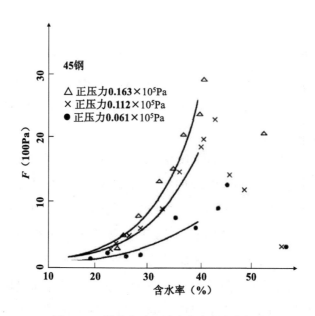

图 2-33　附着力随土壤含水率的变化规律

当含水率增加到 60% 时，附着力减小为最大值的 1/3 左右。M. S. Neal 的研究发现，当土壤含水率较高时，由于水膜高度增加，出现了正的孔隙水压力，此时水膜张力急速下降，水膜对附着界面起到了润滑的作用，土壤附着力显著减小。张际先为了模拟田间耕作土壤的实际工况，把实验用土壤压紧到一定的密度，并按照预计的含水率在土壤中加入蒸馏水，通过实验总结了土壤含水率对附着力的影响规律，结果如图 2-33 所示。从图中的试验曲线可得，附着力大小与土壤含水率在测量的数据范围内呈现出近似指数变化规律。土壤达到塑限后产生了明显的附着效果，随着含水率的增加附着效果进一步增强，含水率达到 30% 后，附着力显著增加并在液限附近达到最大值。土壤含水率若继续增加，在保证土壤和材料充分接触的前提下减少正压力，附着力呈现出明显的下降趋势。土壤含水率低于塑限后，在力学性质上更接近于固体。由于土壤表面粗糙度不均匀，材料和土壤以点接触的形式连接，附着力难于准确测得。达到塑限后，由于土壤变形量增加，在外力作用下材料和土壤的有效接触面积增大，可以测出附着力的实验值。

孙一源等通过实验研究证明，产生附着力的含水率约为饱和含水率的 80%，比土壤的塑限略高。在研究中，孙一源等测得试验用黏土的塑限为34%，液限为64.1%，产生附着力时的含水率约为40%，附着力的最大值产生于含水率为45%的情况下。结构稳定均匀的土壤，当含水率达到田间持水量的60%~70%时，有较好的附着性；结构稳定均匀性较差的土壤，当含水率达到田间持水量的40%~50%时才有一定的附着性。刘朝宗等在含水率变化的条件下，测量了不同土壤对不同材料的附着性能，进一步明确了土壤含水率和附着力之间的关系。实验结果表明，附着力随着土壤含水率的增加而增加，土壤和材料种类不同，附着力的增加值各异。

2.4.4　土壤密度

土壤密度是反映土壤紧实程度的重要指标，它与土壤孔隙度呈反比例关系，即孔隙度越大密度则越小。土壤质地、土壤结构、土壤在自然状态下或在受到外载作用下产生的压缩和变形等都会影响到土壤的孔隙度，进而改变土壤的密度值。一般经过翻耕的土壤密度比未翻耕土壤的密度要减小很多，例如普通旱作土壤在翻耕后密度通常小于$1.0g/cm^3$。

研究人员在大量实验数据的基础上明确了土壤密度对附着性能的影响规律，即含水率低密度小的土壤和含水量高密度大的土壤具有较好的附着性能。J. V. Stafford 和 W. H. Soehne 通过实验证明，土壤切线方向附着性随土壤密度增加而增加，土壤孔隙度在30%~50%的范围内时，切线方向附着力在5~6kPa范围内。张际先在实验中配制了含水率为15%的土壤，分别压制成密度为$1g/cm^3$、$1.2g/cm^3$、$1.4g/cm^3$的三种土样。在土样中加水配制成不同含水率的实验土壤，对土壤和45钢之间的附着力进行实验测定，研究土壤密度对附着力的影响作用，实验结果如图2-34所示。从图中的试验曲线可看出，土壤密度小含水率低的条件下，实验设定压力使土壤产生较大变形，材料和土壤间附着较好；对于密度较大的土壤，在相同压力下变形量较小，由于土壤表面平整度不高，有效接触面积较小，材料和土壤的附着相对较差。含水率达到一定的数值时，在相同压力作用下，三种不同密度的土壤表现出相同的附着性能。含水率继续增加，密度较大的土壤和材料间的接触面积较大，单位表面含有更多的土壤基质，对于界面水膜作用也更为剧烈，因此附着力比密度小的土壤大。

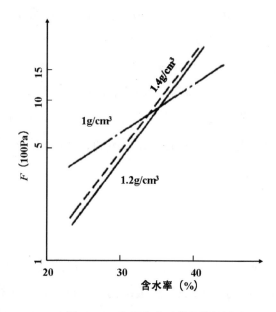

图 2-34　土壤密度对附着性的影响

2.4.5　土壤表面形态和土壤有机质

　　附着界面的土壤表面形态对附着性有一定的影响，例如扰动后土壤的附着力比未扰动土壤大 1~3 倍。佟金通过电子显微镜分析法研究了附着界面土壤表层形态变化对附着力的影响。研究表明，未附着土壤的表面存在很多细小孔，当施加法向压力使材料表面和土壤接触时，表层土壤发生塑性变形，土壤团聚体和土壤颗粒重新分布，进而形成一系列分散的接触区域。随着法向压力的增大，不同法向压力下的表面小孔尺寸逐渐变小。当压力较高时，表面孔隙特别是大孔隙基本消失，但是在微观尺度上，附着界面上仍然存在着细小的孔隙或缝隙，表现为微观不规则性。此时土壤表面比较粗糙，表面分布有不规则的微型突出物，高度一般在微米级以下。研究发现，附着界面处土壤表层呈现出来的形态可分为三个层次：微团聚体尺度、土粒尺度和土壤表面微突体尺度。不同种类土壤的颗粒形状及其表面微观形态各不相同，典型土壤的质地组成如下表 2-15 所示。如果表层土壤细小空隙中填充满土壤水，附着界面将形成连续的水膜，反之只能形成不连续水膜或者各自独立的水环。土壤和材料之间形成的水膜从微观上都可以看作不均匀的水膜，水膜在微观上的非均匀性和非规则性越明显，对土壤附着性能的影响就越大。

表 2-15　典型土壤的质地组成（质量分数%）

粒径（mm）	<0.001	0.001~0.005	0.005~0.01	0.01~0.05	0.05~0.1
黄黏土	13.31	17.12	8.88	24.09	36.60
白土	44.86	14.67	12.08	14.66	13.73

实验研究表明，土壤有机质及有机质分解所得的腐殖质等能够有效改善土壤的通透性，影响土壤的黏结性和附着性，是影响土壤力学性质的重要因素之一。有机质中，具有较高亲水性的腐殖质对土壤的黏结性、塑性和附着性能的影响较大。抗水结构的腐殖质、具有不可逆凝聚作用的腐殖质等有明显地减小土壤附着力的效果，而在砂质土壤中，腐殖质的加入能够有效提高土壤的附着性能。另外，由于 pH 值会影响到土壤胶体的凝聚性，因此 pH 值较小的土壤附着力较小，随着 pH 值增加附着力一般会表现出急剧增加的趋势。H. Domzal 通过实验证明了实验土壤有机质含量和附着性之间的关系，如表 2-16 所示。

表 2-16　有机质含量对附着性的影响

粒径<0.002mm（%）	有机碳（%）	最大附着力下的含水率（%）	最大附着力（Pa）
1	1.00	26.5	500
3	1.51	29	1000
6	1.11	29	900
16	1.35	32	1500
22	1.15	28	900
34	0.69	33	2700
52	3.24	38	2000

2.5 土壤接触材料各因素对附着性能的影响

不同种类的材料，由于其表面的粗糙度、材料性质、电化学性质和摩擦特性等各不相同，土壤在其上的附着特性也有所不同。即使同一种材料，其表面质量、表面硬度、显微组织等也存在较大差异，土壤在材料表面的附着特性各不相同。

2.5.1 材料表面特性

大量研究表明，土壤附着性与材料表面性质直接相关。表面自由能高、亲水性好的材料，附着性能强；表面自由能低、亲水性差的材料，附着性能弱。有研究人员在实验室中模拟了地面机械触土部件与土壤挤压的实际工况，测定了在不同含水率的条件下土壤与材料之间的附着力。由表 2-17 可知，在相同的受力条件下，土壤对不同材料的附着力差别较大。同一种土壤，在含水率不同的条件下，对不同材料的附着力在 7~32kPa 变动，变化的幅值较大。

表 2-17　土壤对不同材料的附着

材料	未处理钢	处理钢	处理铁	铝	运输带	微化橡胶	玻璃
含水率(%)	25.1	26.8	27.7	24.6	24.9	24.5	25.4
黏附力(kPa)	10	25	29	27	12	7	32

　　张际先研究了特定含水率的土壤和22种表面特性各不相同的材料接触时附着力的变化情况，进一步证明了土壤附着性与材料表面性质之间的关系，实验数据见表2-18。图2-35是通过实验得出的各种材料和土壤之间的附着力变化曲线，从图中曲线可看出，各种材料在实验条件相同的情况下，附着力随着含水率的增加呈现出线性增加的趋势。如果实验条件发生变化，土壤对同一种材料的附着力随含水率变化的速率不同。材料表面自由能和表面分子都会对土壤溶液起到一定的作用。例如，经过憎水处理的材料表面上只有色散力，与土壤中的水分相互作用比较弱。对于金属材料，表面经过处理后亲水性会发生较大的变化，金属表面若经过镀层处理则接触角会变大，亲水性变差；表面若经过氮化处理接触角会变小，亲水性增加。

表 2-18　材料表面性质对附着力的影响

试件	材料	表面粗糙度（μm）	显微硬度（HV）	接触角（°）
1	45 钢	0.22	245	75.3
2	45 钢表面憎水	0.15	245	95.9
3	聚四氟乙烯	0.7	5	106.7
4	65Mn	0.28	543	77.9
5	65Mn	0.2	247	77.9
6	65Mn	0.32	247	
7	65Mn	0.47	247	
8	65Mn	1.1	247	
9	复合镀铁	0.22	634	83.8
10	镀铁	0.27	675	83.2
11	复合镀铁	0.32	634	85.0
12	镀铬	0.35	768	83.7
13	1Cr13	0.83	300	68.8
14	T8	0.4	724	78

续表

试件	材料	表面粗糙度(μm)	显微硬度(HV)	接触角(°)
15	软氮化	0.4	245	66
16	软氮化	0.9	588	66
17	软氮化	2.2	245	60.8
18	镀铁去氢	0.32		
19	锈蚀65Mn	0.3	543	
20	堆焊	0.2	788	
21	堆焊	0.2	857	
22	T8	0.4	248	78

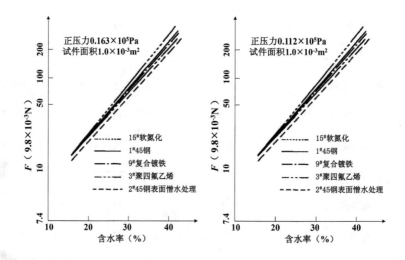

图 2-35 不同材料附着性能的比较

研究人员在实验室中测定了土壤含水率一定的条件下材料与土壤间的接触角、表面自由能和附着力。由实验数据分析得出，土壤含水率低时，接触角和表面自由能对附着力的影响有限；土壤含水率高时，接触角的增加会使附着力减小，材料表面的色散分量对附着力的影响较小，表面自由能的极性分量对附着力的影响较大。在含水率低的情况下，土壤的整体变形量小，材料与土壤的有效接触面积较小，测得的附着力数据呈现离散性；在含水率高的情况下，每次实验可保证比较稳定的有效接触面积，但材料表面分子和土壤溶液中的水分子的相互作用较弱，实测的附着力数据稳定但相对较小。

佟金研究了 12 种不同材料表面和土壤的黏附特性，测得了前进接触角 θ_A 和后退接触角 θ_R，实验结果见表 2-19。在测量后退接触角的过程中，某些材料的固-气-液三相点均不产生移动，因此后退接触角 θ_R 为零。高聚物的接触角较大，金属材料表面的前进接触角较小，搪瓷表面的前进接触角较小。FeWCrNi 涂层、镍基合金涂层、激光改性材料表面和热处理钢材表面上，水的前进接触角数值接近，且高于理想清洁表面上水的接触角。实验数据中，高聚物表面的法向附着力较小，明显低于其他实验材料的法向附着力，而钢材表面的法向附着力则明显高于其他材料，这与 Laplace 压力和水膜黏滞力的综合作用有关。大量实验观察证明，附着界面部分脱离后，高聚物材料表面清洁度最高，搪瓷涂层、Al_2O_3 聚合、镍基合金涂层、硅合金化改性表面的清洁度次之，淬火回火处理的 45 钢和激光熔凝处理的 45 钢表面的清洁度最差，此实验现象有很好的重现性。一般认为，此现象是由于附着界面在拉伸剪切过程中，水膜黏滞力的差异造成的。实验中观察到的很多现象产生的机理目前尚不清楚，有待进一步的研究。

表 2-19　各种材料的接触角和附着力

序号	材料	硬度(HV)	$\theta_A(°)$	$\theta_R(°)$	$F_a(kPa)$
1	PTFE	–	113	103	0.26
2	PES-PTFE	–	105	93	0.25
3	SPE	–	94	75	0.32
4	搪瓷涂层	490	29	0	1.08
5	Al_2O_3聚合物	1800	82	0	1.05
6	铁基合金聚合物	–	83	0	0.82
7	FeWCrNi 涂层	622	75	0	–
8	镍基合金涂层	458	81	0	–
9	激光熔凝 45 钢	609	72	0	1.55

序号	材料	硬度（HV）	$\theta_A(°)$	$\theta_R(°)$	$F_a(kPa)$
10	硅合金化 45 钢	620	75	0	1.45
11	淬火回火 45 钢	622	71	0	1.47
12	淬火回火 35 钢	509	73	0	–

  李建桥等从热处理工艺、显微组织、表面硬度和接触角等方面，对犁壁钢的附着性能进行了实验研究。实验结果表明，热处理工艺可以显著改变犁壁的黏附特性，其中淬火温度 T_c 和回火温度 T_h 的作用较大，如图 2-36 和图 2-37 所示。在正常淬火参数范围内，保温时间 t 对犁壁（35 钢）附着性能的影响不大，如图 2-38所示。低温淬火加高温回火，或高温淬火加低温回火都可以使犁壁钢的黏附力减小，如图 2-39 所示。

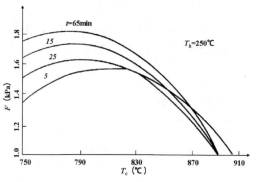

图 2-36　淬火温度对黏附力的影响　　　　图 2-37　回火温度对黏附力的影响

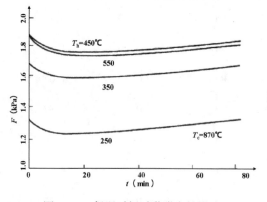
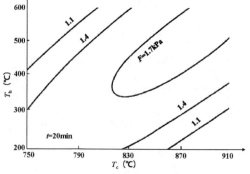

图 2-38　保温时间对黏附力的影响　　　　图 2-39　淬火回火工艺对黏附力的影响

实验证明，材料表面显微组织对附着力变化有直接影响。如图 2-40 所示，随着土壤含水率的增加，不同的显微组织对土壤的附着力呈现出近似的变化趋势。相比之下，调质处理(3#)和回火马氏体组织(14#)的附着力较小，中温回火组织(6#，16#)的附着力较大。如图 2-41 和图 2-42 所示，土壤附着力随着法向压力和加压时间的增加而增加，表现出近似二次曲线规律变化，但不同材料的变化趋势略有差异。从实验数据可知，工程材料中常见的马氏低温组织和高温回火组织具有较好的黏脱土性能，表面具有中温回火组织的材料的黏脱土性能较差，附着性能强。

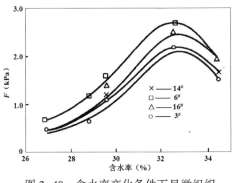

图 2-40 含水率变化条件下显微组织
对附着力的影响

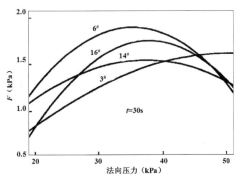

图 2-41 法向压力变化条件下显微组织
对附着力的影响

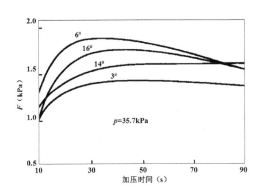

图 2-42 加压时间变化条件下显微组织对附着力的影响

材料表面对水的浸润性也是影响土壤附着特性的重要因素之一，可以通过接触角大小来反映。图 2-43、图 2-44 所示为在完全相同的实验条件下接触角与附着力的空间变化曲面。由图可知，对于同一种材料，接触角与附着力是线性相关的，附着力随着接触角的增加而减小。根据下表2-20，可得到附着力与接触角之间的线性回归方程(相关系数 $R = -0.789$)。

$$F = 10.406 - 0.116\theta \qquad\qquad 式(2-24)$$

在上式95%的置信区间内，附着力随着接触角的增大而减小，但附着力的试验测定值比较分散，置信区间范围大，土壤的附着特性未呈现出明显的变化趋势，接触角只能在一定程度上反映土壤的附着特性。由于影响土壤附着性能的因素很多，附着力测定的离散程度较大，但一般情况下仍可以使用接触角估算土壤的附着特性。

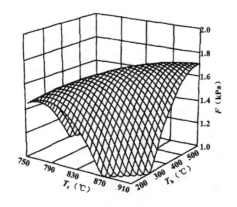

图2-43　附着力的空间曲面　　　　图2-44　接触角的空间曲面

表 2-20　水在几何光滑表面与粗糙面上的接触角(°)

材料	θ	θ_R	$\theta - \theta_R$
PE	99	110	11
PA1010	96	104	8
EP	95	102	7
PS	91	93	2
PU	83	79	4
PA6	82	76	6
T8 钢	70	46	24
45 钢	68	40	28
Al_2O_3	60	20	40
PA_{1010}^4	92	108	16

材料	θ	θ_R	$\theta - \theta_R$
PA^{10}_{1010}	92	107	15
EP^1	91	105	14
EP^2	90	102	12

关于材料表面硬度对土壤附着性能影响方面的研究较少,硬度对附着性的影响关系目前尚未明确化。针对此问题,M. L. Nichols 总结了经验公式:

$$\mu = u + vC + wH \qquad \text{式}(2-25)$$

式中,μ 是摩擦系数;C 是土壤胶体含量;H 是材料硬度;u、v、w 是系数。

A. J. Koolen 和 H. Kuipers 通过实验发现,材料硬度能够影响材料表面和土壤之间的摩擦系数,从而影响土壤的附着性能。A. J. Koolen 和 H. Kuipers 总结了不同硬度的钢对土壤的摩擦系数关系式:

$$\mu = 0.37 - 0.00015H \qquad \text{式}(2-26)$$

式中,H 是布氏硬度值,回火钢 H 为 650;低碳钢 H 为 125。

李建桥的实验研究证明,对于同一种金属材料,在不同实验条件下表面硬度对附着力的影响效果不同。如图 2-45 所示,材料硬度高于 HV430 时,附着力随着材料硬度的增加有逐渐减小的趋势。在图 2-46 中可看出,材料表面显微组织中存在游离铁素体时,材料硬度在达到 HV240 之前,附着力随着材料硬度的增加而减小;材料硬度在 HV240~510 范围内时,硬度增加,附着力也随之显著增加。

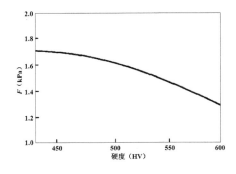

图 2-45　材料硬度高时硬度与
附着力间的关系

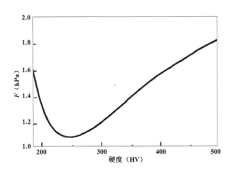

图 2-46　材料表面有游离铁素体时
硬度与附着力间的关系

2.5.2　材料表面几何形态

材料表面几何形态对土壤附着性能有直接的影响，有些表面形态会造成土壤黏附量的增加，有些表面形态则有利于减黏脱土。通常意义上所说的材料表面形态即为表面粗糙度值，材料表面粗糙度对附着力有很大影响。研究人员通过实验证明，土壤含水率为 37% 和 46% 时，表面粗糙度对附着力有明显的影响。如图 2-47 所示，当金属表面粗糙度小于 3μm 时，接触表面容易形成连续的水膜，因此粗糙度越小附着力越大；土壤含水率为 56% 时，附着力与材料表面粗糙度关系不大。凹凸不平的材料表面与毛细管作用相似，会对浸润性和接触角产生显著的影响。水在各种常见材料的光滑表面上的接触角 θ 和在粗糙表面上的接触角 θ_R 的试验测定值如表 2-20 所示。表中各实验材料的粗糙表面是由材料的几何光滑表面经过模拟土壤条件进行的泥沙磨损试验得到的。实验数据表明，粗糙表面接触角相对于各自的光滑表面接触角在数值上均发生了变化，其变化趋势主要取决于材料原光滑表面的接触角大小，变化程度即与材料的固有接触角有关，也与材料表面的粗糙程度有关。对于 $\theta>90°$ 的憎水性固体材料，粗糙表面比光滑表面的浸润性差；对于 $\theta<90°$ 的亲水性材料，粗糙表面比光滑表面的浸润性好。

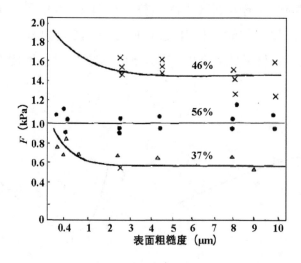

图 2-47　材料表面粗糙度和附着力之间的关系

李建桥在实验中通过打磨改变材料表面粗糙度，讨论了表面质量对附着力的影响作用。实验结果表明，若表面粗糙度增加的幅度不大，有一部分材料的附着力有缓慢增加的趋势；若表面粗糙度增加的幅值较大，所有材料的附着性能都会下降。张际先将未淬火的 65Mn 钢试样用不同的砂纸打磨制成不同粗糙度的表面，进行了土壤与材料表面之间的摩擦力测定实验，结果见图 2-48。从图中可知，表面粗糙度的增加可使土壤的摩擦力增大。若材料表面粗糙度小，相对运动时水膜在高能面被剪切，所需能量少，摩擦力小。材料表面粗糙度大，形成的水膜高能面不在同一平面上，粗糙的表面还增加了相对运动时表面部分土粒子嵌入的可能性，使剪切不完全发生在接触面水膜中，从而导致摩擦力增大。

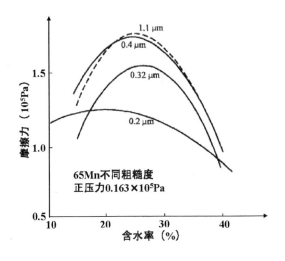

图 2-48　不同表面粗糙度对土壤摩擦力的影响

2.5.3　材料表面的耐腐蚀性

金属材料表面的耐腐蚀性与土壤附着性相互关联。F. A. Kummer 在实验中证明了金属的腐蚀对土壤附着的影响，指出合金钢较低的黏附性可能与其表面钝化膜的存在有关。A. J. Koolen 和 H. Kuipers 在实验中发现，锈蚀的钢材表面与土壤的摩擦系数和土壤的内摩擦系数接近，超过了 0.8。刘耀辉的实验证明，加入耐腐蚀元素的合金和经过镀铬等表面处理的材料具有较好的减黏脱土性能，土壤附着力小。李建桥用失重法测定了各金属材料试件的耐腐蚀性，发现金属材料表面的回火马氏体组织和回火索氏体组织比中温回火组织耐腐蚀性好。上述规律的发现对地面机械触土部件的设计具有比较重要的指导意义。对于耐腐蚀性要求高的零件，应选用具有较高硬度的回火马氏体组织材料。从减黏脱土的角度考虑，应选择表面具有大量调质组织的金属材料以降低材料的附着性。材料的选择，应尽量避免选用具有中温回火组织的金属材料，若材料表面有大量的中温回火组织存在，材料的减黏脱土性能将会明显降低。

2.5.4　材料表面摩擦特性

材料表面的摩擦特性和土壤附着力之间的关系也非常紧密。在相同的受力条件下，材料表面的摩擦系数越大越容易产生土壤的附着。但对于性质相同的材料表面，摩擦系数大并不代表一定有较强的附着性，还和材料表面几何特性等其他因素相关。V. M. Salokhe 和 D. Gee-Clough 对内聚力为 10kPa，内摩擦因数为 0.32，含水率为 19%的黏土和不同敷面材料之间的附着力与摩擦力进行了实验测定，如表 2-21 所示。从表中可看出，土壤对不同敷面材料的摩擦和附着呈现出相似的变化趋势。在一般情况下，材料表面的摩擦系数越小其附着性能越弱。如表 2-21 中的聚四氟乙烯是目前已知的聚合物材料中摩擦系数最小的，测定的附着力也相对较小。

表 2-21　不同材料对土壤的摩擦和黏附

材料	摩擦系数 μ	黏附力 C_a(kPa)
氧化铅油漆	0.51	4.33
瓷砖	0.23	0
聚四氟乙烯板材	0.36	0.1
聚四氟乙烯带	0.70	0.27
搪瓷	0.38	0

张际先实验研究了土壤对不同材料表面的附着与摩擦之间的相关性，得出了以下实验结论：首先，土壤对于不同材料的附着力和摩擦力随着土壤含水率的变化而变化。土壤含水率接近或达到塑限才会出现附着现象，此时土壤和材料间的

摩擦达到最大值；土壤含水率接近或达到液限时，附着性最强，但摩擦力相对较小。其次，附着力和摩擦力都有方向性，附着在界面的法线和切线方向上都存在，但摩擦力仅产生于界面的切线方向上。法向附着和切向附着都存在界面类似于法向正压力的作用。正压力作用使附着界面的实际接触面积增加，因此附着力随着正压力的增加而增加，与此同时，正压力的增加也会显著影响摩擦力大小的变化。一般认为，摩擦力会随着材料表面粗糙度的减小而减小，附着力会随着材料表面粗糙度的减小逐渐增大。材料和土壤之间的附着和摩擦都会随着材料表面接触角的增大而增大，但接触角的变化对于摩擦力的影响更大。通过对土壤和不同材料表面之间的附着和摩擦的实验数据分析表明，虽然附着力和摩擦力的变化有一定的关联性，但目前仍没有明确的关系式表达两个参数之间的关系。

2.6　外力及环境因素对土壤附着性能的影响

在土壤附着系统中，法向压力和力的施加速度、施加时间等作用条件都是对附着产生影响的外力。在很多情况下，土壤对材料表面附着的严重程度不仅和法向压力及作用条件有关，材料表面受到的驱动力、界面摩擦力和土壤的剪切阻力等同样会影响土壤的附着性。

在实际的土壤附着系统中，还不能忽略温度、湿度等环境条件对附着性的影响。土壤所处环境中的物理化学条件，如空气中尘埃与活性物质的种类与数量等也会对附着性能产生影响。环境条件对土壤附着性能的影响较为复杂，需要根据具体的环境条件进行具体分析和判断。

2.6.1　法向压力

实验表明，随着法向压力的增加，附着力呈线性增加的趋势。在一定的正压力范围内，附着力随着正压力增加以较小的斜率线性增加；正压力超过一定范围后，附着力增加的速率加快。

钱定华将表面粗糙度 Ra<3μm 的白口铁材料试样放置在含水率为 37.5% 的土坯上，加载不同的法向载荷并保压 1min，在此试验条件下测定卸载和未卸载时的附着力，实验结果如图 2-49 所示。由图可知，附着力随着法向压力的增加线性增加，在法向压力相同的情况下，卸除载荷后测得的附着力比未卸除载荷时的附着力小，这可能是由于土壤的弹性效应引起的。在微观上，土壤和材料相互

接触的表面都不是纯平面，实际接触到的面积相对较小，接触到的位置会产生较大的应力集中现象，接触面附近的土壤因力的作用会产生弹塑性变形。若卸除法向载荷，土壤弹性变形恢复，土壤和材料之间的实际接触面积减小，因此测得的附着力相对较小。

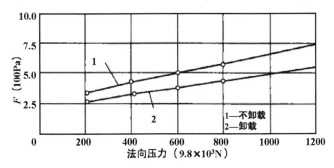

图 2-49　法向压力对附着力的影响

J. V. Stafford 和 D. W. Tanner 指出，切线方向附着力在某些场合下也随着法向压力的增加而增加。张际先在实验中得到了附着力和法向压力的变化关系曲线，如图 2-50 所示。从关系图中可知，施加的法向压力若不超过 17kPa 的范围，附着力呈现出线性增加的趋势，但增加的速率较慢；若施加的法向压力超过 17kPa 并且继续增加，附着力呈现出更快的线性增加速率。随着法向压力的增加，材料和土壤之间的有效接触面积增大，有利于连续水膜的形成。当法向压力较大时，材料和土壤之间形成大面积的连续水膜，附着性能会明显增强。

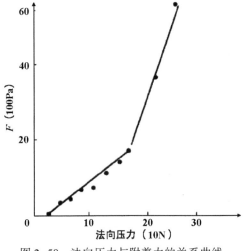

图 2-50　法向压力与附着力的关系曲线

刘朝宗等在施加不同法向压力的实验条件下，对两种土壤和 3 种典型材料之间的附着力进行了实验测定。根据实验数据分析，分别建立了土壤对于不同材料的附着力随土壤含水率变化的回归方程。大量研究结果证明，附着力主要由单位附着界面上实际的吸引强度和产生附着的实际面积决定。法向压力对于上述两个因素都有直接影响，因此必然会对土壤的附着性能产生直接的影响。E. R. Fountaine 测定了不同法向压力条件下金属圆盘和两种试验土样之间的附着力，实验结果如表 2-22 所示。由表中数据可知，施加不同的法向压力可使土壤和金属板之间的附着力发生较大变化。当对金属圆盘施加载荷较小时，含水率为 24%的黏壤土比含水率为 24%的沙壤土附着性强；但施加载荷不断增加后，含水率为 24%的黏壤土的附着力增加速率变慢，甚至开始小于含水率为 24%的沙壤土。这表明法向压力对附着力的作用是比较复杂的，土壤附着特性的评价和确定受到很多因素的影响。

表 2-22 法向压力对附着力的影响 （单位：100Pa）

金属板上的法向载荷（N）	砂壤土含水率		黏壤土含水率	
	24%	18%	29%	24%
15.90	26	16	20	40
45.90	51	17	51	56
75.90	82	19	76	57
105.90	96	38	132	60
135.90	111	30	146	66
165.90	122	35	246	84

很多科研人员通过实验数据分析总结了各类土壤和材料的法向压力和附着力之间的变化关系。K. Serata 研究证实了对于不同固体材料表面，附着力的增加对法向压力增加的比率是不同的，在各类实验材料中，聚四氟乙烯的增加比率最低，钢的增加比率最高。R. P. Zadneprovski 的研究发现，随着初始法向压力的增加，法向附着力呈线性增加的趋势，但不同的土壤附着力增加的速率各有不同，

实验结果如图 2-51 所示。另有研究者研究了法向压力在 1~80MPa 范围内时土壤附着界面上附着力的变化规律。当法向压力增加到 5MPa 时，土壤表面的粗糙度较为平整，附着力显著增加；当法向压力增加到 80MPa 时，土壤含水率可能小于其最大吸附含水率，附着力较小但仍然存在。

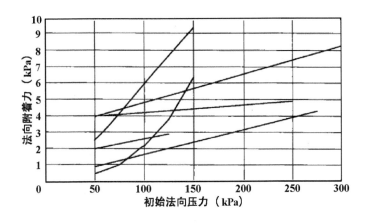

图 2-51 初始法向压力与法向附着力之间的关系

2.6.2 法向压力作用时间

在施加的法向压力保持不变的条件下，法向压力作用时间越长，产生的附着力越大，两者有线性关系存在。

张际先对土壤附着力和法向压力作用时间之间的关系进行了实验研究，实验结果如图 2-52 所示。从图中可知，当施加的法向压力不变的情况下，附着力随法向压力作用时间的增加线性增加。出现此变化规律的原因可能是由于压力作用时间的增加有助于材料和土壤之间连续水膜的形成。因土壤具有流变特性，压力作用时间越长，土壤变形量越大，和材料接触时有效接触面积就越大，因此附着力会随着压力作用时间增加线性增加。Zadneprovski 的研究也发现了同样的规律，法向压力作用时间增加，土壤附着力也随之增加，但法向压力作用时间超过 50s 后附着力增加的速度减缓。刘朝宗等也通过实验证明了不同土质的土壤对不同材料的附着性能随着正压力作用时间的增加而增大的变化规律，并建立了相应的回归方程。实验结果表明，作用时间超过一定范围后附着力增大趋缓，同时即使法向压力作用时间完全相同，测得的附着力实验值仍会有较大波动。

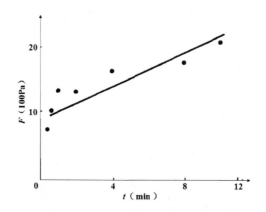

图 2-52　法向压力作用时间对附着力的影响

2.6.3　力的施加速度

实验观察和分析表明，在其他实验条件相同的情况下，对附着界面施加法向压力的速度增加，附着力也会随之增大。

李建桥在耕作速度变化条件下对犁壁体表面的附着力进行了测定，耕速为3.42km/h 时，普通犁在犁铧和刃口部分存留有黏附土块；耕速为 4.61km/h 时，犁铧部分土壤附着现象加重；耕速为 5.63km/h 时，犁铧部分土壤附着量较大，附着严重；耕速为 6.77km/h 时，虽然耕作阻力增加，但犁壁体表面土壤附着量减少，甚至不发生黏土现象。姚禹肃等研究发现，切线方向滑动速度在0.45~1.7m/s范围内，摩擦系数随滑动速度的对数线性增加，滑动速度是影响切线方向附着力的一个重要因素。李因武等在力的加载速度不同的条件下对含水率为27.6%的黄黏土进行了附着力测定实验。实验结果表明，其他实验条件不变的条件下，力的加载速度越快，附着力增加的程度越大。

W. H. Soehne 和 A. J. Koolen 等国外学者认为切向附着力对附着界面所受的法向压力的最大值极其敏感，若切向附着力增大为原来的 5 倍，则法向压力应增加10 倍左右。在实际测量法向附着力时，若施加的拉力速度大，则附着力测量值明显高于力的施加速度较小时的测量值。土壤附着力测量的操作要求中必须明确规定统一的力的施加速度，以保证附着力测量的一致性和准确性。

2.6.4 环境温度和空气湿度

环境温度和空气湿度对土壤附着性也有一定程度的影响，土壤水表面张力和环境温度之间的关系为：

$$\gamma = \gamma_0 \left(1 - \frac{T}{T_0}\right)^n \qquad\qquad 式(2-27)$$

式中，γ 是环境温度为 T 时的表面张力；γ_0 是由液体临界常数决定的表面张力；T_0 是临界温度；n 是一般常数。

由式(2-27)可知，随着环境温度的增加，土壤水表面张力减小。R. P. Zadneprovski 也认为，环境温度的升高会使得附着力减小，低温土壤和高温材料表面接触时产生的附着力比高温土壤和低温材料表面接触时产生的附着力小，结果如图 2-53 所示。从图中可看出，土壤含水率不同，附着力随环境温度升高的变化规律也不尽相同，但总体趋势是环境温度升高，土壤附着力减弱。在试验条件下，含水率较大的土壤附着性能也较强；土壤和材料表面的接触环境温度不同，其附着力的变化规律也不同。低温土壤在接触高温材料时，附着性能相对较弱，因此加热地面机械触土部件是有利于减小土壤附着的。钱定华等测定了表面温度为 10~90℃ 的金属材料和土壤间的附着力。在测定的温度变化范围内，附着界面土壤的含水率和土壤水表面张力随着环境温度的升高不断下降，因此土壤附着力随也随之下降。

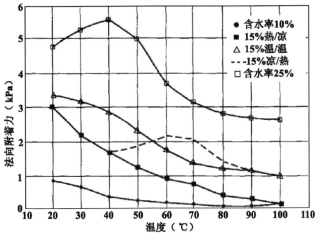

图 2-53 温度对土壤附着力的影响

在土壤和材料接触界面附着系统中，附着性能的变化不仅是单一的影响因素在起作用。上述内容中提及的土壤、材料、外力条件和环境等多个因素都会实时影响到土壤附着性能的变化。这种多因素联合作用对土壤附着性能的影响，不仅有各因素独立作用的影响，也有各因素间交互作用的影响，因此土壤的附着机理是极其复杂的，还有待进一步研究。

2.7　本研究的主要内容

土壤在车辆或者土壤机械的触土部件上附着的现象非常常见，土壤如果大量附着在越野车辆的行驶装置、建设机械的作业部位以及农业机械的耕作装置上，会导致以土壤为作业对象的各类机械在工作过程中发生不同程度的能量损失，整机工作质量的增加会带来牵引力不足、行驶性能和作业性能下降等问题，完成作业后土壤清洗工作也耗时费力。土壤在机械上的长期附着，还会使工作部件表面锈蚀的过程加速，缩短使用寿命。地面机械完成作业任务后，路面行驶过程中附着在行走机构作业部件上的土壤掉落在地面，也会对环境造成一定程度的影响。

图2-54　土壤附着的危害

土壤的附着与土壤中含有的水分有关，附着力的大小和接触面形成的水膜有直接关系。因此，本研究的主要目的是阐明土壤水的表面张力和土壤附着力的产生以及水膜形成之间的关系。不同的参考文献关于土壤附着发生机理的解释各有不同，需要通过实验数据支持来明确土壤水的表面张力和土壤附着力的产生以及水膜形成之间的关系。土壤附着力主要可以分为垂直方向附着力（正向附着力）和切线方向附着力两种。一般情况下所说的附着力指的是在土壤和材料接触面的垂直方向上将土壤分离所需要的力，即垂直方向附着力。目前对垂直方向附着力的理论计算式表达和实验测定方面的研究较多，但对于土壤切线方向附着力测定及理论公式推导方面的相关研究较少。在切线方向上将土壤分离时所需的附着力在农业机械触土部件工作过程中工作效能的发挥以及地面车辆行驶过程中车辆推进力的产生都具有非常重要的作用。如果能够明确土壤切线方向的附着机理，就有可能采取更有效的措施防止或减轻土壤的附着。如图 2-55 所示，当单一土粒子静止在水平面上时，垂直方向上的附着力为：

$$F_{ay} = 4\pi RT cos\alpha \qquad\qquad 式（2-28）$$

式中，T 是水的表面张力；R 是土粒子的半径；α 是土粒子表面形成水膜的接触角。

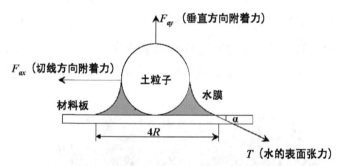

图 2-55　土粒子和材料间附着状态示意图

虽然土壤垂直方向的附着力可以用上述理论公式表达，但并没有一个准确的公式能够表达土壤切线方向的附着力。因此，需要通过土粒子和接触材料之间的切线方向附着力测定实验，寻找出在接触面形成的水膜与沿着切向方向附着力之间的关系，建立能够表达土壤切线方向的附着力计算公式，进一步明确土壤的附着机理。

从图 2-55 中可以看到，土壤粒子和接触材料之间形成了一层水膜，土壤粒子切线方向附着力 F_{ax} 的产生与水的表面张力有很大的关系。由于土壤粒子周围形成的水膜表面张力与水膜的周长呈正比，所以土壤粒子切线方向附着力 F_{ax} 可以认为是水膜圆半径 R、水膜表面张力 T 及水膜接触角 α 的函数，即：

$$F_{ax} = f(R, T, \alpha) \qquad\qquad 式（2-29）$$

可以通过上式假定土壤粒子切线方向附着力 F_{ax} 和水膜圆直径、水的表面张力、水的接触角之间的函数关系式，具体的内容在后续的章节中详细阐述。

车轮式车辆、履带式车辆和轮履复合式车辆等在行进过程中需要较大的牵引力，车辆的行驶装置普遍装配橡胶材质轮胎、橡胶材质履带或金属制履带等和地面土壤直接接触。土壤和地面行驶装置常用材料接触时，土壤的附着现象便会随之发生。土壤的附着一方面造成了车辆行驶性能和工作性能的显著降低，另一方面对于车辆推进力的产生又起到不可或缺的作用。因此，在现有研究的基础上进一步明确土壤附着机理是非常必要的。本研究利用橡胶板、铁板、树脂等材料和砂质土、壤土等进行土壤剪切试验，以期能够通过实验数据进一步明确土壤含水率、土壤剪切速度、压实度等因素对土壤附着力变化的影响。本研究的总体流程如图 2-56 所示。

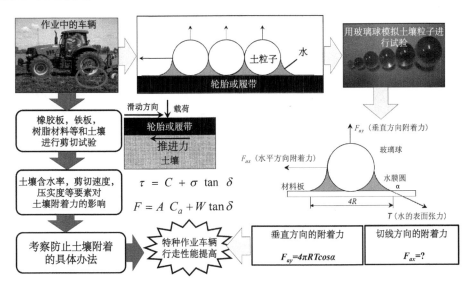

图 2-56　本研究的总体流程

3

利用玻璃球和玻璃面板测定切线方向附着力的实验

3.1　实验目的

　　该实验主要关注地面机械与土壤的接触面形成的水膜和附着力，测量水膜中水表面张力在切线方向上的附着力，尝试导出相关关系式。在实验 I 中，使用直径不同的玻璃球模拟土粒子，测量玻璃球周围形成的水膜圆周长和切线方向的拉伸力，尝试通过关系式表示水膜圆周长与切线方向附着力之间的关系。但是，由于拉伸力的测量值受各种因素影响会产生偏差，实验测定数据的数量越多，实验偏差值越小。为了提高切线方向附着力实验式的可靠度，需要取得更多的实验数据。因此，本实验使用直径 5mm、7mm、10.5mm、12.5mm、15mm 和 20mm 的玻璃球，测量每组玻璃球周围形成的水膜圆直径和切线方向拉伸力。通过实验数据的分析，寻求水膜直径与切线方向附着力的关系，以导出可靠性更高的实验关系式。

3.2　实验装置及实验条件

实验中使用的玻璃球直径分别为 5.0mm(0.16g)、7.0mm(0.46g)、10.5mm(1.55g)、12.5mm(2.46g)、15.0mm(4.16g)、20.0mm(9.75g)。负载传感器型号为 LTS-200GA(KYOWA)，定格容量 2N(203.9gf)，校正系数 5.024×10^{-4}。电源装置型号为 PA18-2A REGULATED，DC POWER SUPPLY(KENWOOD)。实验中使用的玻璃板尺寸：长 150mm×宽 120mm×高 5mm。电机连接两个小型齿轮减速箱 HE(TAMIYA)，使电机输出轴低速旋转，尽量使拉伸玻璃板移动的速度减慢。传动系统中最大齿轮传动比为 216：1，最大输出扭矩约为 3400g·cm，最大输出时的输出轴旋转转速为 48r/min，使用 3V 的电源。实验使用 PCD-300B 系列动态应变测量接口系统，如下图 3-1 所示。此设备是专门用于测量应变，压力、加速度、位移等应变式传感器的测量接口系统，其 4 通道/台，可以使用 4 台扩展至 16 通道同步采样，在测量时只要把应变片或应变传感器直接接在仪器后方的输入端子上，仪器通过 USB 线与电脑相连，通过电脑来进行控制操作和接收数据。采样频率达到 10kHz，同步采样，采样分辨率为 24 位，适合很多动态测量场合。

为了准确测量切线方向的拉伸力 F（附着力），玻璃球和各种材料板之间相对运动时的摩擦力及玻璃球和材料板之间形成的水膜圆半径 R，试制了由玻

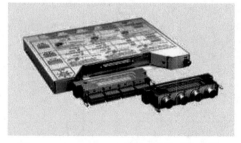

图 3-1　PCD-300B 系列动态应变测量仪

璃球和各种材料板构成的实验装置，如图 3-2 和图 3-3 所示。实验过程中，在玻璃球与材料板之间形成水膜圆的状态下，通过在水平方向拉伸材料板，测定并记录其切线方向的拉伸力 F，测定玻璃球与材料板之间形成的水膜圆的直径与切线方向的拉伸力 F 之间的关系系数 k，寻求切线方向附着力 F_{ax} 和水膜圆半径 R、水膜表面张力 T 及水膜接触角 α 之间的影响关系。

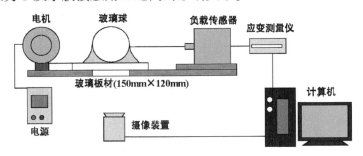

图 3-2 切线方向附着力测量实验装置

图 3-3 切线方向附着力测量实验装置

实验进行前，将电机和负载传感器固定在木板上，保证其在工作过程中位置不变。摄像装置放置在材料板上形成的水膜圆的正侧方和正下方，并保持合理的距离。通过游标卡尺测量玻璃球与玻璃板之间形成水膜直径的同时，使用摄像装置进行摄影，之后使用专业图形处理软件进行 2D 图像处理，求得水膜圆直径。若两种方法得到的水膜圆直径测量值差异不大，则可作为试验测定值使用。在玻璃板的挂钩上挂上细线，通过安装在电机轴上带轮的旋转沿水平方向拉伸玻璃板。利用连接到玻璃球一侧的负载传感器测量玻璃球与玻璃板之间的拉伸分离所需要的力。由于测量的力的量值较小，微小的振动可能影响到实验值的测量精度，为了减轻振动和防止玻璃球转动，使用竹制臂或塑料细管等连接玻璃球和负载传感器。将负载传感器检测出的信号用动态应变测量仪进行测量，并使用 DCS-100A软件进行数据的记录，记录的数据统一使用 Excel 进行批量数据处理。

本实验的实验条件如下：电机的工作电压 3V；电机驱动轴按照输出的转速带动细线转动，并牵引玻璃板水平匀速移动。玻璃板运动速度为 0.23mm/s；实验室室温控制在 23~25℃；每个不同直径玻璃球的实验测定值取 3 次测定数据的算术平均值。

3.3 实验方法

(1)测量玻璃球与玻璃板之间在没有形成水膜状态下的切线方向附着力的大小。由于该值是在玻璃球与玻璃板之间未形成水膜的状态下测得的，因此可认为是玻璃球与玻璃板之间的摩擦力。当没有水膜时，玻璃球与玻璃板之间的摩擦力 f_1 如图 3-4 所示。

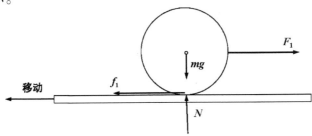

图 3-4 未形成水膜时的受力分析

(2)测量玻璃球和玻璃板之间形成水膜状态下的切线方向的力及水膜圆的直径。该值作为上述摩擦力与水膜圆附着力的合力被测量出来，此时的摩擦力 f_2 在图 3-5 中示出。

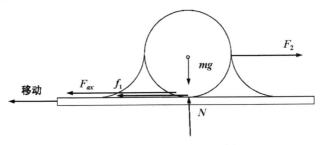

图 3-5 形成水膜时的受力分析

（3）当玻璃球和玻璃板之间没有形成水膜时，摩擦力 $f_1 = \mu N = \mu mg$；当形成水膜时，玻璃球和玻璃板之间的剪切力 $F_2 = f_1 + F_{ax}$，因此附着力 $F_{ax} = F_2 - f_1$。

（4）增加水膜的水量，改变水膜直径，重复实验步骤（2）的操作。

（5）关于水膜圆直径的测定，以往在实验中几乎都是使用游标卡尺来测定。现在通过用新购买的 2D 图像处理软件进行图像处理，来辅助进行水膜圆直径测量数据准确性的判定，图像处理测定过程如图 3-6 所示。在这种情况下，水膜圆直径比玻璃球直径小，水膜圆直径变大时，由于相机镜头的失真会导致测量误差变大，所以只有在水膜圆直径比玻璃球直径小的情况下才可以使用。这种测量方法在适用范围上有很大的局限性，因此，有必要探寻更好的水膜圆尺寸测量方法。

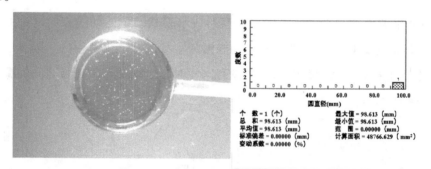

图 3-6　2D 图像处理法测量水膜圆直径

3.4　实验结果

3.4.1　水膜圆直径和切线方向附着力之间的关系

图 3-7 表示了玻璃球直径为 15mm、水膜圆直径为 9.95mm 的状态下，水平方向拉伸玻璃板时拉伸力的变化情况。由图 3-7 可知，拉力随着拉伸时间的增加逐渐变大，在拉力达到 0.019N 的最大值后开始急剧减小并最终趋于平稳值。拉力急剧下降主要是由于拉伸的过程中水膜崩溃，导致玻璃球无法充分得到水的附着而造成的。因此，把实验测得的拉力最大值作为实验数据记录下来。通过实验测得的拉力值、水膜圆直径和未形成水膜时的摩擦力，可以求得不同直径的玻璃球在切线方向上的附着力，如表 3-1 至表 3-6 所示。

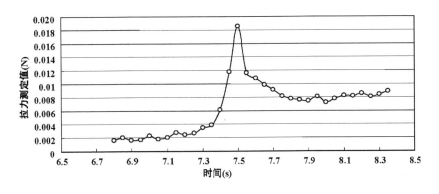

图 3-7　拉力测量值和时间之间的变化关系

表 3-1 玻璃球直径 5mm 时测得的切线方向附着力值

序号	水膜圆直径 (mm)	实测值 (10^{-3}N)	附着力 (10^{-3}N)	序号	水膜圆直径 (mm)	实测值 (10^{-3}N)	附着力 (10^{-3}N)
1	0	11.12	0	26	7.15	17.77	6.65
2	3.5	15.37	4.25	27	7.25	18.46	7.34
3	3.55	14.24	3.12	28	7.3	20.32	9.2
4	3.65	14.34	3.22	29	7.4	19.17	8.05
5	3.7	15.82	4.7	30	7.7	18.56	7.46
6	3.75	15.75	4.63	31	7.95	20.39	9.27
7	3.75	16.32	5.2	32	8.05	20.12	9
8	4	15.52	4.4	33	8.25	20.22	9.1
9	4.1	14.88	3.76	34	8.5	20.71	9.59
10	4.5	16.4	5.28	35	8.5	20.4	9.28
11	4.55	15.89	4.77	36	8.55	22.22	10.1
12	4.8	15.02	3.9	37	8.6	19.47	8.35
13	5.3	15.75	4.63	38	8.65	21.72	10.6
14	5.35	17.24	6.12	39	8.75	22.36	11.24
15	5.4	17.14	6.02	40	8.8	19.92	8.95
16	5.6	16.07	5.05	41	8.95	21.82	10.7
17	5.7	16.27	5.15	42	9.05	21.77	10.65
18	5.9	18.13	7.01	43	9.1	22.12	11
19	6.15	16.47	5.35	44	9.25	22.47	11.35
20	6.5	18.6	7.48	45	9.4	21.79	10.67
21	6.6	16.88	5.76	46	9.55	22.54	11.42
22	6.65	18.14	7.02	47	9.55	21.82	10.7
23	6.75	18.35	7.23	48	9.65	21.02	9.95
24	6.9	19.12	8	49	9.8	20.92	9.83
25	7.05	18.32	7.2	50	10	22.58	11.46

表 3-2 玻璃球直径 7mm 时测得的切线方向附着力值

序号	水膜圆直径（mm）	实测值（10^{-3}N）	附着力（10^{-3}N）	序号	水膜圆直径（mm）	实测值（10^{-3}N）	附着力（10^{-3}N）
1	0	12.86	0	26	8.6	24.62	11.76
2	4.2	18.14	5.28	27	8.9	22.52	9.66
3	4.35	18.66	5.8	28	9.2	25.98	13.12
4	4.55	19.16	6.3	29	9.25	24.36	11.5
5	4.7	20.17	7.31	30	9.4	25.78	12.92
6	4.9	20.1	7.24	31	9.7	26.58	13.72
7	5.2	19.46	6.6	32	10.1	24.36	11.5
8	5.4	21.08	8.22	33	10.3	27.12	14.26
9	5.55	20.66	7.8	34	10.45	29.56	16.7
10	5.65	19.26	6.4	35	10.7	28.04	15.18
11	5.8	21.06	8.2	36	10.9	27.18	14.32
12	5.9	21.55	8.69	37	11.3	27.66	14.8
13	6.2	20.76	7.9	38	11.65	27.68	14.82
14	6.45	21.52	8.66	39	11.75	30.41	17.55
15	6.65	22.06	9.2	40	11.85	30.26	17.4
16	6.75	22.09	8.23	41	12	29.08	16.22
17	7.1	24.26	11.4	42	12.2	28.56	15.7
18	7.25	23.78	10.92	43	12.25	30.01	16.75
19	7.4	20.49	7.63	44	12.4	29.02	16.16
20	7.65	24.66	11.8	45	12.55	28.16	15.3
21	7.8	23.86	11	46	12.7	29.91	17.05
22	8	22.46	9.6	47	12.7	29.06	16.2
23	8.1	23.77	10.91	48	12.85	30.04	17.18
24	8.45	25.16	12.3	49	13.35	29.35	16.49
25	8.55	25.66	12.8	50	13.9	30.18	17.32

表 3-3　玻璃球直径 10.5mm 时测得的切线方向附着力值

序号	水膜圆直径 （mm）	实测值 （10^{-3}N）	附着力 （10^{-3}N）	序号	水膜圆直径 （mm）	实测值 （10^{-3}N）	附着力 （10^{-3}N）
1	0	16.5	0	26	8.45	33.3	16.8
2	5.2	28.1	11.6	27	8.6	32.75	16.22
3	5.35	26.8	10.3	28	8.9	33.52	17.02
4	5.5	24.78	8.28	29	9.05	32.84	16.34
5	5.65	27	10.5	30	9.3	33.8	17.3
6	5.8	25.72	9.22	31	9.65	30.53	14.03
7	5.95	29.32	12.82	32	10.2	31.24	14.74
8	6.2	24.86	8.36	33	10.3	30.18	13.68
9	6.4	28.79	12.29	34	10.45	32	15.5
10	6.5	27.1	10.6	35	10.55	32.21	15.71
11	6.65	25.92	9.44	36	10.7	33.1	16.6
12	6.8	25.52	9.02	37	10.8	33.6	17.1
13	6.85	27.5	11	38	10.95	34.5	18
14	7.1	30.75	14.25	39	11.2	33.72	17.22
15	7.25	30.15	13.65	40	11.55	33.9	17.4
16	7.3	31.48	14.98	41	12.1	35.1	18.6
17	7.35	29.17	12.67	42	12.2	36.02	19.52
18	7.5	30.46	13.96	43	12.25	36.6	20.1
19	7.85	32.1	15.6	44	12.35	35.29	18.79
20	7.95	29.05	12.55	45	12.55	35	18.5
21	8	30.19	13.69	46	12.6	38.83	22.33
22	8.25	32.12	15.82	47	12.8	35.91	19.41
23	8.3	29.04	12.54	48	12.95	35.5	19
24	8.4	30.76	14.26	49	13.05	36.7	20.2
25	8.45	28.1	11.6	50	13.2	36.83	20.33

表 3-4 玻璃球直径 12.5mm 时测得的切线方向附着力值

序号	水膜圆直径（mm）	实测值（10^{-3}N）	附着力（10^{-3}N）	序号	水膜圆直径（mm）	实测值（10^{-3}N）	附着力（10^{-3}N）
1	0	18.28	0	26	13	45.38	27.1
2	6.95	25.4	7.12	27	13.45	41.61	23.33
3	7.3	30.68	12.4	28	13.6	43.48	25.2
4	7.55	30.8	12.52	29	13.7	43.28	25
5	7.9	28.18	9.9	30	13.95	37.08	18.8
6	8.1	32.99	14.71	31	14.2	38.06	19.78
7	8.45	32.97	14.69	32	14.55	45.08	26.8
8	8.9	32.5	16.22	33	14.75	46.82	28.54
9	9.15	34.38	16.1	34	14.9	43.28	25
10	9.3	33.58	15.3	35	15.12	42.18	23.9
11	9.45	36.3	18.02	36	15.2	46	27.72
12	9.8	34.71	16.43	37	15.4	46.36	28.08
13	10.5	34.78	16.5	38	15.45	40.28	22
14	10.7	37.03	18.75	39	15.65	42.43	24.15
15	10.9	38.58	20.3	40	15.85	40.48	22.2
16	11	37	18.72	41	16.1	47.18	28.9
17	11.25	35.28	17	42	16.25	45.15	26.87
18	11.5	40.88	22.6	43	16.25	47.86	29.58
19	11.8	37.18	18.9	44	16.35	46.72	28.44
20	11.9	36.94	18.65	45	16.55	45.23	26.95
21	12.25	42.98	24.7	46	16.8	48.48	30.2
22	12.3	39.83	21.55	47	16.9	47.1	28.82
23	12.6	36.14	17.86	48	17.1	47.97	29.69
24	12.85	40.68	22.4	49	17.15	50.43	32.15
25	12.95	44.28	26	50	17.3	48.65	30.37

表 3-5　玻璃球直径 15mm 时测得的切线方向附着力值

序号	水膜圆直径（mm）	实测值（10^{-3}N）	附着力（10^{-3}N）	序号	水膜圆直径（mm）	实测值（10^{-3}N）	附着力（10^{-3}N）
1	0	20.2	0	26	15	48	27.8
2	6.8	31.7	11.5	27	15.6	47.98	27.78
3	7.2	34.41	14.21	28	15.65	48.67	28.47
4	7.65	35.62	15.42	29	16.3	46.78	26.58
5	8	29.4	9.2	30	16.5	49.49	29.29
6	8.55	36.1	15.9	31	16.8	54.9	34.7
7	8.9	37.8	17.6	32	17.3	52.2	32
8	9.1	32.9	12.7	33	17.55	47.12	26.92
9	9.35	37.06	16.86	34	17.9	50.2	30
10	9.55	39.42	19.22	35	18.65	51.22	31.02
11	10.3	36.74	16.54	36	18.7	47.9	27.7
12	11.1	36.96	16.76	37	19	49.07	28.87
13	11.25	39.43	19.23	38	19.1	54.1	33.9
14	11.85	43.3	23.1	39	19.2	54.32	34.12
15	12.25	41.28	21.08	40	19.5	49.9	29.7
16	12.3	44.32	24.12	41	19.65	54.42	34.22
17	12.45	42.2	22	42	19.8	50.61	30.41
18	12.75	44.79	24.59	43	20.05	55.2	35
19	13.15	44.9	22.7	44	20.25	50.17	29.97
20	13.45	41.82	21.62	45	20.35	53.9	33.7
21	13.6	46.7	26.5	46	20.75	58.8	38.6
22	14	44.96	24.76	47	21.15	57.18	36.98
23	14.25	43.8	23.6	48	21.3	58.46	38.26
24	14.8	45.94	25.74	49	21.55	57.2	37
25	14.85	43.96	23.76	50	21.65	54.95	34.75

表 3-6 玻璃球直径 20mm 时测得的切线方向附着力值

序号	水膜圆直径（mm）	实测值（10^{-3}N）	附着力（10^{-3}N）	序号	水膜圆直径（mm）	实测值（10^{-3}N）	附着力（10^{-3}N）
1	0	24.25	0	26	16.15	61.75	37.5
2	7.2	39.35	15.1	27	17.05	67.04	42.79
3	7.55	38.9	14.65	28	17.35	66.23	41.98
4	7.8	40.54	16.29	29	17.85	60.45	36.2
5	8.6	43.13	18.88	30	19	63.82	39.57
6	8.85	43.71	19.46	31	19.25	72.53	48.28
7	9.55	49.05	24.8	32	19.55	69.27	45.12
8	9.8	50.95	26.7	33	19.9	72.54	48.29
9	10.85	50.67	26.42	34	21.05	80.25	56
10	11.25	46.98	22.73	35	21.2	67.06	42.81
11	11.5	49.42	25.17	36	21.45	70.53	46.28
12	11.75	47.46	23.21	37	21.8	73.15	48.9
13	12	46.33	22.08	38	22.75	77.3	53.05
14	12.3	44.05	19.8	39	23	86.45	62.2
15	12.65	50.25	26	40	23.15	79.37	55.12
16	12.7	53.45	29.2	41	23.3	76.75	52.5
17	13.1	52.8	28.55	42	24.65	79.65	54.4
18	13.5	57.15	32.9	43	24.85	83.66	59.41
19	14.3	57.98	33.73	44	25.1	76.54	52.29
20	14.45	51	26.95	45	25.95	73.16	48.91
21	14.75	56.05	31.8	46	26.35	81.95	57.7
22	15.9	56.72	32.47	47	26.5	85.95	61.7
23	15.25	61.25	37	48	26.7	78.96	54.71
24	15.75	57.72	33.2	49	27.05	77.33	53.08
25	16	57.75	35.5	50	27.85	90.61	66.36

图 3-8 至图 3-13 中分别表示了使用不同直径的玻璃球时得到的切线方向附着力和水膜圆直径之间的关系。由图 3-8 可知，两个变量表现出正相关性，通过实验数据近似地表示为回归直线。切线方向附着力随着玻璃球周围形成的水膜直径的增加以正比例增大。这主要是由于随着水膜的直径变大，水膜的周长增加，由此伴随表面张力和周长的积变大，附着力增加。从图 3-9 至图 3-13 也可以看出，切线方向附着力随着玻璃球周围形成的水膜直径的增加而变大。虽然使用了不同直径的玻璃球进行附着力测定实验，但实验结果中附着力呈现出了近似的变化趋势，只是变化的速率有所不同。

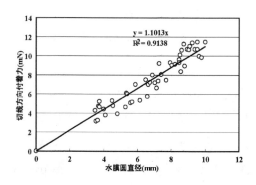

图 3-8　切线方向附着力与水膜圆直径的关系
（玻璃球直径 5mm，室温 25℃）

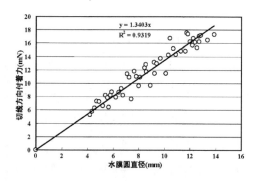

图 3-9　切线方向附着力与水膜圆直径的关系
（玻璃球直径 7mm，室温 25℃）

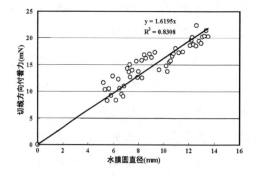

图 3-10　切线方向附着力与水膜圆直径的关系
（玻璃球直径 10.5mm，室温 25℃）

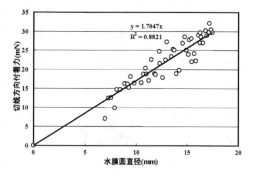

图 3-11　切线方向附着力与水膜圆直径的关系
（玻璃球直径 12.5mm，室温 25℃）

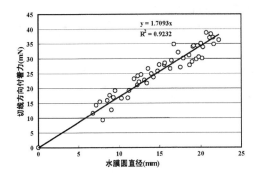 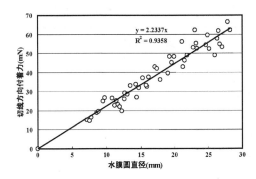

图 3-12　切线方向附着力与水膜圆直径的关系　　图 3-13　切线方向附着力与水膜圆直径的关系

（玻璃球直径 15mm，室温 25℃）　　　　　　　（玻璃球直径 20mm，室温 25℃）

3.4.2　实验关系式中系数 k 的变化规律

将式(2-17)进行变换后，可得到下式：

$$F_{ax} = kSTcos\alpha = k2\pi RTcos\alpha = a \times 2R \qquad 式(3-1)$$

式中，$a = k\pi Tcos\alpha$ 。

$2R$ 为水膜圆的直径，因此 a 为以上实验结果的图 3-8 至图 3-13 所示的各回归直线的斜率。水与玻璃板的接触角 a 为 $0° \sim 9°$，因接触角较小，$cos\alpha$ 可视为近似等于 1（水的表面张力 T 一般为 $0.0727N/m$）。

$$a = k\pi Tcos\alpha = 0.0727\pi k$$

这里，将图 3-8 至图 3-13 所示回归直线的斜率 a 和 π 代入方程中可以求得系数 k。在下表 3-7、图 3-14 中表示了系数 k 的计算值和系数 k 的变化规律。

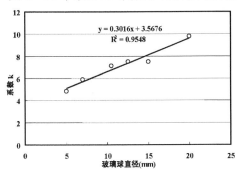

图 3-14　玻璃球直径和系数 k 之间的关系

表 3-7　按玻璃球直径计算得出的 a 和 k 值

玻璃球直径(mm)	a	k
5	1.11	4.82
7	1.366	5.87
10.5	1.66	7.09
12.5	1.69	7.47
15	1.73	7.49
20	2.37	9.78

从图 3-14 可以看出，两个变量之间有很强的线性相关性。用 6 个数据点可以把回归直线近似地表达出来。由关系曲线可知，根据实验结果计算的系数 k 值随着玻璃球直径的增加而增大。因此，实验方程式中的系数 k 直接和玻璃球的直径大小相关，两变量之间的关系用下式表示：

$$k = 0.3016d + 3.5676 \qquad\qquad 式(3-2)$$

3.5 实验结果分析

根据上述实验结果可知，切线方向的附着力 F_{ax} 随着玻璃球周围形成的水膜圆直径变大而增加。因此，可以明确的是切线方向附着力与玻璃球周围形成的水膜的尺寸有很大关系。在实验中，使用各种不同直径的玻璃球进行的附着力测定实验均得到了相似的实验结果，可以说明此变化规律的正确性。切线方向附着力表现出此种变化规律，主要是因为随着水膜圆的直径变大，水膜圆的周长增加，与此同时，水的表面张力和水膜周长的乘积增大而造成的。

另外，实验研究中发现，根据这个实验数据计算得到的系数 k，随着玻璃球直径的增加而变大。根据该系数，进一步明确了在切线方向附着力测定实验 I 中系数 k 与玻璃球的直径有明确的线性关系。

为了提高实验数据的准确性和实验结果的可靠性，后续的研究过程中还有必要选择更高精度的测量方法，同时尽可能测得更多的实验数据以减少偏差数据对实验结果的影响。

玻璃球和各种材料间切线方向附着力测定实验

4.1 实验目的

本实验使用与第三章中相同的切线方向附着力测定实验装置，使用图 4-1 所示的不锈钢、橡胶板、铁板 3 种实验材料代替玻璃板进行实验，进一步研究土粒子水膜圆直径与切线方向附着力的关系及系数 k 的变化规律。

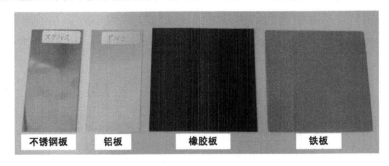

图 4-1　接触角测定实验使用的材料板

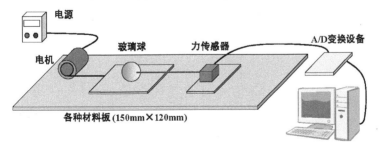

图 4-2　附着力测定实验装置

4.2　实验装置及实验条件

本实验使用与第三章中相同的实验装置，如图 4-2 所示。电机的电压为 3V，室温控制在 23~25℃。实验中使用直径分别为 10.5mm(1.55g)、12.5mm(2.46g)、15.0mm(4.16g)、20.0mm(9.75g)的四种玻璃球。本实验使用上述 4 种不同直径的玻璃球，利用与第三章中近似的实验方法，通过实验数据分析切线方向附着力和水膜圆直径之间的关系以及切线方向附着力关系式中系数 k 的变化规律。

4.3　实验方法

4.3.1　接触角的测定

在第三章的实验中，当玻璃球与玻璃板接触时，由于接触角度较小，故 $cos\alpha$ 近似取值为 1，在此条件下进行拉伸力测定实验。从现有研究数据可知，实验中使用的橡胶板和铁板的接触角比玻璃板大得多，需要准确测量接触角的大小。本实验使用 $\theta/2$ 法测定了选定的材料板(图 4-1)和水的接触角，以下列出了接触角度测量的具体步骤。

(1)在实验材料板上做成如图 4-3 所示的水滴。

(2)使用数字显微镜从侧方水平方向对形成的水滴摄影。

(3)用 2D 图像处理软件对明显的变形进行修正，使用 $\theta/2$ 法进行图像处理，测量计算求得接触角。

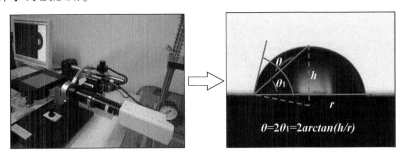

图 4-3　接触角测定实验过程

对每种实验材料板取 6 组接触角测量数据，并取其算术平均值作为本实验使用的接触角，测量数据如表 4-1 所示。

表 4-1　各种材料接触角的测定值　　　　　　　　　　　　　　（°）

材料	接触角测定值						均值
不锈钢板	76.60	72.50	80.22	70.00	71.60	70.58	73.58
橡胶板	77.26	77.80	78.45	76.72	72.50	77.52	76.70
铝板	80.05	86.88	82.00	81.55	82.20	77.40	81.67
铁板	66.36	76.00	76.90	76.83	73.60	69.79	73.24

4.3.2　切线方向附着力测定实验顺序

（1）用与第三章中相同的实验方法测定玻璃球与供试材料之间在没有形成水膜情况下的切线方向附着力。由于该值是在玻璃球与供试材料之间未形成水膜条件下测得的，因此可单纯认为是玻璃球与供试材料之间的摩擦力。

（2）测量玻璃球和供试的材料之间在形成水膜状态下的切线方向的力及水膜圆的直径，测得的力是摩擦力和切线方向附着力的合力。

（3）当玻璃球和材料板之间没有形成水膜时，摩擦力 $f_1 = \mu N = \mu mg$；当形成水膜时，玻璃球和材料板之间的剪切力 $F_2 = f_1 + F_{ax}$，因此附着力 $F_{ax} = F_2 - f_1$。

（4）改变水膜圆直径大小，重复步骤（2）的操作。

（5）根据实验数据计算系数 k。

4.4 实验结果

4.4.1 水膜圆直径和切线方向附着力之间的关系

从测得的剪切力中减去水膜未形成时的摩擦力 f_1，可得到切线方向附着力 F_{ax}。计算得到的切线方向附着力数据按玻璃球的直径和供试的材料分别表示在表 4-2 至表 4-9 中。

表 4-2　F_{ax} 值（玻璃球直径 10.5mm，使用橡胶板，室温 25℃）

序号	水膜圆直径（mm）	实测值（10^{-3}N）	附着力（10^{-3}N）	序号	水膜圆直径（mm）	实测值（10^{-3}N）	附着力（10^{-3}N）
1	0	20	0	16	9.05	23.63	3.63
2	6.25	22.74	2.74	17	9.15	24.16	4.16
3	6.25	22.06	2.06	18	9.5	24.38	4.38
4	6.3	22.8	2.8	19	9.5	23.5	3.5
5	6.6	23.1	3.1	20	9.65	23.92	3.92
6	7	22.79	2.79	21	9.7	24.86	4.86
7	7.2	23.27	3.27	22	9.75	24.43	4.43
8	7.45	23.36	3.36	23	9.8	23.95	3.95

序号	水膜圆直径 （mm）	实测值 （10^{-3}N）	附着力 （10^{-3}N）	序号	水膜圆直径 （mm）	实测值 （10^{-3}N）	附着力 （10^{-3}N）
9	7.7	22.98	2.98	24	10.3	25.28	5.28
10	7.95	23.26	3.26	25	10.45	24.33	4.33
11	8.1	23.73	3.73	26	10.8	24.9	4.9
12	8.55	23.68	3.68	27	11	24.27	4.27
13	8.6	24.02	4.02	28	11.2	25.3	5.3
14	8.6	24.8	4.8	29	11.25	25.17	5.17
15	8.85	24.46	4.46	30	11.45	25.2	5.2

表4-3　F_{ax}值（玻璃球直径10.5mm，使用铁板，室温25℃）

序号	水膜圆直径 （mm）	实测值 （10^{-3}N）	附着力 （10^{-3}N）	序号	水膜圆直径 （mm）	实测值 （10^{-3}N）	附着力 （10^{-3}N）
1	0	14.2	0	16	8.75	19.34	5.14
2	6.3	17.86	3.66	17	8.95	19.46	5.26
3	6.35	17.3	3.1	18	9	19.1	4.9
4	6.5	18.02	3.82	19	9.25	19.95	5.75
5	6.55	18.3	4.1	20	9.25	19.38	5.18
6	6.6	18.08	3.88	21	9.3	20.25	6.05
7	7.2	18.22	4.02	22	9.4	18.7	4.5
8	7.45	17.65	3.45	23	9.55	19.84	5.64
9	7.5	17.8	3.6	24	9.65	20.25	6.05
10	8	18.9	4.7	25	9.65	18.95	4.75
11	8.05	18.56	4.36	26	10.05	20.18	5.98

续表

序号	水膜圆直径（mm）	实测值（10^{-3}N）	附着力（10^{-3}N）	序号	水膜圆直径（mm）	实测值（10^{-3}N）	附着力（10^{-3}N）
12	8.55	19.32	5.12	27	10.1	19.69	5.49
13	8.6	19.25	5.05	28	10.5	20.52	6.82
14	8.6	19.93	5.73	29	10.75	20.52	6.32
15	8.75	18.88	4.68	30	10.9	20.9	6.7

表 4-4 F_{ax} 值（玻璃球直径 12.5mm，使用橡胶板，室温 25℃）

序号	水膜圆直径（mm）	实测值（10^{-3}N）	附着力（10^{-3}N）	序号	水膜圆直径（mm）	实测值（10^{-3}N）	附着力（10^{-3}N）
1	0	23.26	0	16	9.7	29.42	6.16
2	7.1	27.16	3.9	17	10.25	28.99	5.73
3	7.15	27.38	4.12	18	10.5	28.96	5.7
4	7.8	26.9	3.65	19	10.5	29.24	5.98
5	7.85	28.2	4.94	20	10.75	29.52	6.26
6	8.05	28	4.74	21	11.1	29.42	6.16
7	8.05	29.41	6.15	22	11.15	30.56	7.3
8	8.4	27.93	4.67	23	11.2	29.49	6.23
9	8.45	28.18	4.92	24	11.7	30.07	6.81
10	8.5	28.56	5.3	25	11.75	29.78	6.52
11	9	30.12	6.86	26	12.35	29.54	6.28
12	9.1	28.48	5.22	27	12.5	30.26	7
13	9.4	28.46	5.2	28	12.65	29.66	6.4
14	9.45	28.51	5.25	29	13.1	30.52	7.26
15	9.65	27.16	3.9	30	13.45	30.92	7.66

表 4-5　F_{ax}值(玻璃球直径 12.5mm,使用铁板,室温 25℃)

序号	水膜圆直径 (mm)	实测值 (10^{-3}N)	附着力 (10^{-3}N)	序号	水膜圆直径 (mm)	实测值 (10^{-3}N)	附着力 (10^{-3}N)
1	0	17.1	0	16	9.75	23.65	6.55
2	7.25	21.9	4.8	17	9.85	24.32	7.22
3	7.3	21.9	4.8	18	9.9	24.2	7.1
4	7.45	22.25	5.15	19	10	23.75	6.65
5	7.8	21.95	4.85	20	10	23.8	6.7
6	8.15	22.45	5.35	21	10.25	23.8	6.7
7	8.5	22.53	5.43	22	10.25	24.5	7.4
8	8.8	22.97	5.87	23	10.3	23.96	6.86
9	8.95	20.89	3.79	24	10.75	21.3	4.2
10	8.95	22.05	4.95	25	10.8	24.22	7.12
11	9.1	22.57	5.47	26	10.85	24.34	7.26
12	9.2	23.1	6	27	10.9	25.24	8.14
13	9.25	32.27	6.17	28	11.5	23.7	6.6
14	9.4	21.55	4.45	29	12.3	25.32	8.22
15	9.75	23.84	6.74	30	12.8	25.55	8.45

表 4-6　F_{ax}值(玻璃球直径 15mm,使用橡胶板,室温 25℃)

序号	水膜圆直径 (mm)	实测值 (10^{-3}N)	附着力 (10^{-3}N)	序号	水膜圆直径 (mm)	实测值 (10^{-3}N)	附着力 (10^{-3}N)
1	0	26.2	0	16	11.5	33.22	7.02
2	7.2	30.44	4.24	17	11.5	32.76	6.56
3	7.3	30.5	4.3	18	12.3	33.8	7.6

续表

序号	水膜圆直径 （mm）	实测值 （10^{-3}N）	附着力 （10^{-3}N）	序号	水膜圆直径 （mm）	实测值 （10^{-3}N）	附着力 （10^{-3}N）
4	7.75	30.8	4.6	19	12.4	33.5	7.3
5	7.9	30.46	4.26	20	12.8	32.12	6.92
6	7.9	31.22	5.12	21	12.9	33.3	7.1
7	8.3	31.12	4.92	22	13.25	34.35	8.15
8	8.5	30.8	4.6	23	14	34.4	8.2
9	8.9	31.45	5.25	24	14.15	33.36	7.16
10	9.9	32.15	5.95	25	14.25	34.47	8.27
11	9.95	31.13	4.93	26	14.8	34.1	7.9
12	10.15	32.47	6.27	27	15.55	35.3	9.1
13	10.2	32.25	6.05	28	15.6	35.47	9.27
14	10.65	32.45	6.25	29	15.9	34.64	8.44
15	10.7	32.1	5.9	30	16.2	36.36	10.16

表4-7　F_{ax}值（玻璃球直径15mm，使用铁板，室温25℃）

序号	水膜圆直径 （mm）	实测值 （10^{-3}N）	附着力 （10^{-3}N）	序号	水膜圆直径 （mm）	实测值 （10^{-3}N）	附着力 （10^{-3}N）
1	0	19.56	0	16	11.6	28.97	9.41
2	7.35	24.31	4.75	17	11.9	28.33	8.77
3	7.6	25.21	5.65	18	12.1	28.86	9.3
4	7.85	25.46	4.9	19	12.25	28.98	9.42
5	7.9	25.56	6	20	12.3	28.46	8.9
6	8.2	25.31	5.75	21	13	29.56	10

续表

序号	水膜圆直径 (mm)	实测值 (10^{-3}N)	附着力 (10^{-3}N)	序号	水膜圆直径 (mm)	实测值 (10^{-3}N)	附着力 (10^{-3}N)
7	8.45	25.81	6.25	22	13.7	29.51	9.95
8	8.45	24.86	5.3	23	13.95	30.83	11.27
9	8.8	26.68	7.12	24	13.95	30.27	10.7
10	9.2	26.56	7	25	14.2	30.68	11.12
11	9.75	27.5	7.94	26	14.45	31.16	11.6
12	10.15	27.36	7.8	27	15.1	31.16	11.6
13	10.3	27.22	7.66	28	15.45	31.44	11.88
14	10.7	27.81	8.25	29	15.65	32.01	12.45
15	11.15	28.76	9.2	30	15.65	29.08	9.52

表 4-8　F_{ax} 值（玻璃球直径 20mm，使用橡胶板，室温 25℃）

序号	水膜圆直径 (mm)	实测值 (10^{-3}N)	附着力 (10^{-3}N)	序号	水膜圆直径 (mm)	实测值 (10^{-3}N)	附着力 (10^{-3}N)
1	0	27.4	0	16	13.3	37.1	9.7
2	8.6	33.6	6.2	17	13.6	36.56	9.16
3	8.65	33.15	5.75	18	13.65	35.88	8.48
4	8.85	33.53	6.13	19	14.45	37.13	9.73
5	9.4	34.1	6.7	20	15.2	38.06	10.66
6	9.95	34.42	7.02	21	15.7	38.92	11.52
7	10	34.25	6.85	22	15.85	38.3	10.9
8	10.5	34.3	6.9	23	16.3	39.04	11.64
9	10.55	35.02	7.62	24	16.45	38.1	10.7

续表

序号	水膜圆直径（mm）	实测值（10^{-3}N）	附着力（10^{-3}N）	序号	水膜圆直径（mm）	实测值（10^{-3}N）	附着力（10^{-3}N）
10	10.9	34.55	7.15	25	17.2	39.48	12.08
11	11.85	35.46	8.06	26	17.25	39.75	12.35
12	11.9	35.9	8.5	27	17.8	40.52	13.12
13	11.9	35.3	7.9	28	18	41.4	14
14	12.75	36.23	8.83	29	18.05	40.29	12.89
15	12.8	36.65	9.25	30	18.25	39.9	12.5

表 4-9　F_{ax}值（玻璃球直径 20mm，使用铁板，室温 25℃）

序号	水膜圆直径（mm）	实测值（10^{-3}N）	附着力（10^{-3}N）	序号	水膜圆直径（mm）	实测值（10^{-3}N）	附着力（10^{-3}N）
1	0	21.7	0	16	14.25	36.43	14.73
2	7.95	33.44	11.74	17	14.5	40.9	19.2
3	8.1	31.82	10.12	18	14.55	43.8	22.1
4	8.25	33.16	11.46	19	15.35	43.46	21.76
5	8.4	33.7	12	20	15.7	46.1	24.4
6	8.95	35.8	14.1	21	16.2	49.16	27.46
7	9.2	35.26	13.56	22	16.8	44	22.3
8	9.75	37.12	14.42	23	16.95	48.3	26.6
9	9.85	36.87	15.17	24	17.15	48.38	26.68
10	10.6	37.3	15.6	25	17.25	45.8	24.1
11	12	34.64	12.94	26	17.7	50.15	28.45
12	12.3	35.7	14	27	18.6	43.8	22.1
13	12.4	38.88	17.18	28	18.85	51.65	29.17
14	12.65	39.96	18.26	29	18.9	46.65	24.95
15	13.05	38.3	16.6	30	20.25	50.3	28.6

将实验数据进行图表化表示，如图4-4至图4-7所示。从图4-4至图4-7可以看出，随着玻璃球周围形成的水膜圆直径增加，切线方向附着力会以正比例增大。实验数据表明，4种不同直径的玻璃球和铁板之间的切线方向附着力均大于橡胶板，实验用铁板的附着性强于橡胶板。玻璃球直径越大，铁板和橡胶板的附着性能的差异越大。

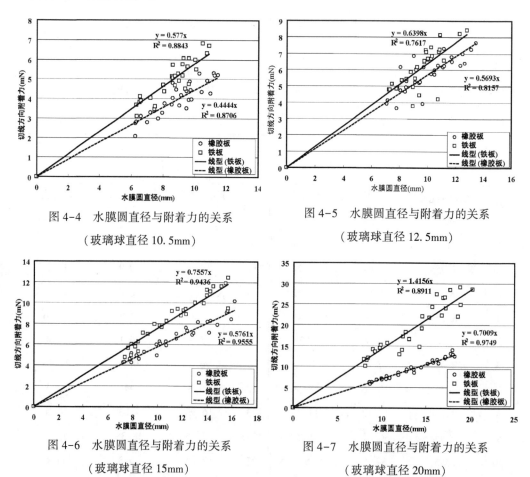

图 4-4　水膜圆直径与附着力的关系
（玻璃球直径 10.5mm）

图 4-5　水膜圆直径与附着力的关系
（玻璃球直径 12.5mm）

图 4-6　水膜圆直径与附着力的关系
（玻璃球直径 15mm）

图 4-7　水膜圆直径与附着力的关系
（玻璃球直径 20mm）

为了更准确地反映材料的附着性能和水膜圆尺寸之间的关系，在上述实验基础上又使用了4种材料，在相同实验条件下进行了切线方向附着力的测定实验，实验结果如图4-8至图4-11所示。在图4-8中，切线方向附着力和水膜圆直径之间有较强的线性相关性，通过这些数据近似地表示为回归直线。由图中关系曲线可知，无论玻璃球上附着的水分和哪种材料接触，切线方向附着力都随着玻璃球周围水膜圆直径的增加而增加。另外，根据使用材料板的不同，回归直线的斜率也各不相同，玻璃球与玻璃板接触时的切线方向附着力增加的速率比其他供试材料大，表现出来的附着性能也相对较强。在玻璃球直径一定的情况下，切线方向附着力按铁板、橡胶板、不锈钢板的顺序逐渐变小。按照材料附着性能强弱排序可得：玻璃板>铁板>橡胶板>不锈钢板。

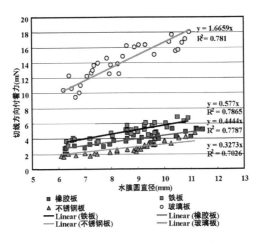

图 4-8　水膜圆直径与附着力的关系（玻璃球直径 10.5mm）

　　在图 4-9 中，切线方向附着力和水膜圆直径之间同样存在较强的线性相关性，通过这些数据近似地表示为回归直线。根据图 4-9 可知，玻璃球直径增加到 12.5mm 的情况下，切线方向附着力仍然随着玻璃球周围水膜圆直径的增加而增加。根据使用材料板的不同，回归直线的斜率也各不相同，玻璃球与玻璃板接触时的切线方向附着力增加的速率比其他供试材料大，附着性能最强。在玻璃球直径一定的情况下，按照材料附着性能强弱排序可得：玻璃板>铁板>橡胶板>不锈钢板。玻璃球直径增加到 15mm、20mm 的情况下，切线方向附着力仍然随着玻璃球周围水膜圆直径的增加而增加，如图 4-10 和图 4-11 所示。使用 4 种不同直径的玻璃球测得的切线方向附着力表现出了相同的变化规律，可以证明此实验结论的正确性。

　　在附着力测定实验结果分析中还发现，对于 4 种实验材料来说，玻璃球直径的增加会使材料的整体附着性能增强，这在一定程度上能够反映土粒子粒径对于土壤附着性能的影响作用。但由于实验用玻璃球和土粒子实际尺寸上存在较大差异性，此方法测得的实验数据能否准确反映土壤的附着性能还需要进一步的实验验证。

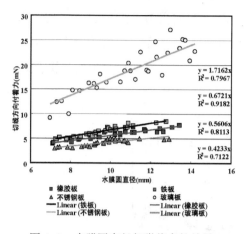

图 4-9　水膜圆直径与附着力的关系

（玻璃球直径 12.5mm）

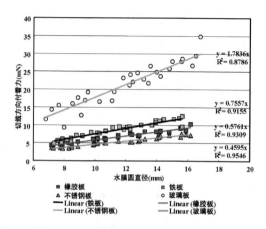

图 4-10　水膜圆直径与附着力的关系

（玻璃球直径 15mm）

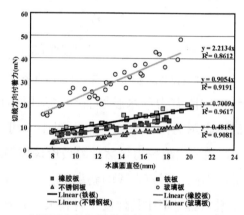

图 4-11　水膜圆直径与附着力的关系（玻璃球直径 20mm）

4.4.2　实验关系式中系数 k 的变化规律

　　将测量得到的接触角的算术平均值带入式（3-1），可以计算出系数 k。根据本次实验使用的铁板和橡胶板两种材料，分别将各玻璃球的直径与系数 k 的变化关系列于表 4-10 和图 4-12 中。由实验数据可知，随着使用的玻璃球直径的增加，k 值会随之变大。使用橡胶板和铁板替换玻璃板后，板材的附着性能下降，但系数 k 有增大的趋势。在这次的实验中，未能明确玻璃球直径一定的情况下系数 k 与形成水膜的材料材质之间的影响关系。为了提高实验结果的可靠性，可以使用更多种类的材料进行对比实验，同时尽可能采集更多的有效实验数据。

表 4-10 系数 k 和玻璃球直径之间的关系

d(mm)	使用玻璃板时系数 k	使用橡胶板时系数 k	使用铁板时系数 k
10.5	7.09	8.45	8.74
12.5	7.47	10.83	9.69
15	7.49	10.97	11.45
20	8.78	13.33	21.48

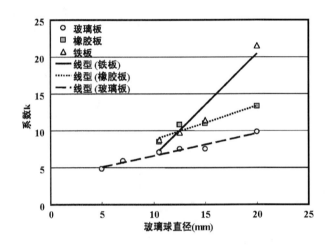

图 4-12 系数 k 和玻璃球直径之间的关系

使用玻璃板、不锈钢板、铁板和橡胶板 4 种材料的情况下，分别将计算得到的系数 k 和各玻璃球的直径的变化关系列于表 4-11 和图 4-13 中。如图所示，系数 k 与玻璃球直径之间的关系可通过回归直线近似表示，各种材料的系数 k 均随着玻璃球直径的增加线性增加。玻璃球的直径不变的条件下，系数 k 的值按照橡胶板、铁板、玻璃板、不锈钢板的顺序逐渐变小。在使用铁板和橡胶板两种材料的情况下，系数 k 的大小和变化趋势趋于相同。从图 4-12 和图 4-13 的实验结果对比可以看出，由于各种因素的影响，在两次实验中计算得到的系数 k 的变化规律存在一定的差异性。由于实验测量方法的改善及取样数据组数的增加，图 4-13 中的实验结果理论上更接近于系数 k 的实际变化规律。系数 k 是反映土壤附着性能的重要指标，有必要通过进一步的实验研究探寻系数 k 的变化和土壤附着性之间的关系。

表 4-11　系数 k 和玻璃球直径之间的关系

d(mm)	k-玻璃板	k-橡胶板	k-铁板	k-不锈钢板
10.5	7.3	8.5	8.7	5.1
12.5	7.5	10.8	10.2	6.5
15	7.8	11.1	11.5	7.2
20	9.7	13.4	13.4	7.5

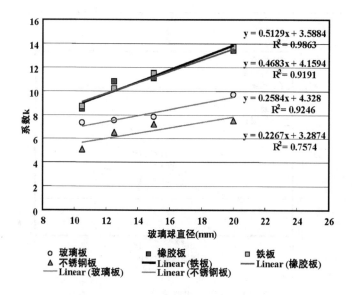

图 4-13　系数 k 和玻璃球直径之间的关系

4.5　实验结果分析

根据上述实验结果可知，切线方向附着力随着玻璃球周围形成的水膜圆直径的增加而增大，模拟土粒子的玻璃球直径越大，附着力随水膜圆直径的增加速率越快。从目前的实验得到的结果来看，4 种实验材料的附着性能按从大到小的排列顺序为：玻璃板>铁板>橡胶板>不锈钢板。

另外，随着玻璃球直径的增加，系数 k 也有逐渐变大的趋势。将玻璃板置换为橡胶板、铁板、不锈钢板后，系数 k 的值也有较大的变动量。玻璃球直径一定时，系数 k 的值按铁板、橡胶板、玻璃板、不锈钢板的顺序减少。在使用铁板和橡胶板两种材料的情况下，系数 k 的大小相近并以相同的趋势增加，其原因主要是由于材料具有相近的亲水性。除此之外，其他的因素对于系数 k 变化规律的影响还未在实验中明确，需要开展进一步的实验研究。

5

各因素对土壤附着力
影响的实验

5.1　含水率对非压实土壤附着力影响的实验

5.1.1　实验目的

　　轮式或履带式车辆的行进需要较大的牵引力，在这些车辆的行驶装置上通常会使用橡胶轮胎、橡胶履带板或钢制履带板。为了查明土壤和车辆行驶装置触土部件常用材料接触时土壤的附着机理，采用橡胶（RUB）、铁（SS400）、树脂（PEEK）等材料进行和砂质壤土、砂质黏土的非压实土壤剪切实验。此次实验的主要目的是明确在特定实验条件下土壤含水率对附着力的影响。

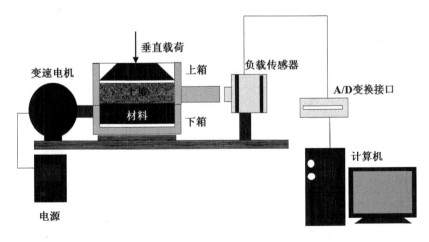

图 5-1　实验装置概略图

5.1.2 土壤剪切实验装置及实验条件

实验装置如图5-1所示。该实验装置主要由变速马达、土壤剪切装置、测量装置(负载传感器、A/D转换中心接口)3个部分构成。实验进行时,使用变速马达推动土壤剪切箱下箱,土壤与材料之间的剪切力通过负载传感器测量并记录。记录的数据由A/D转换中心接口处理后,保存到计算机中。该实验使用15种含水率不同的砂质壤土(3.6%、5.2%、7.5%、10.7%、14.2%、18.7%、22.5%、26%、29.9%、33.4%、37.3%、39.3%、44.8%、51%、57.7%),分别以48.5N、69.3N、110.8N、138.6N4种垂直负载预加在试验土壤上进行快速土壤剪切实验。与土接触的材料使用橡胶(RUB)、铁(SS400)、树脂(PEEK)。土与材料的接触面为直径60mm的圆形区域,即剪切面的面积A约为$2.826 \times 10^{-3} \mathrm{m}^2$。室温设定在25℃左右,剪切速度设定为2mm/min,剪切位移为4mm,若剪切位移超过4mm仍未出现剪切力极值,剪切位移增加为6mm。

图5-2 不同含水率的实验用土壤

5.1.3 实验方法

(1)在进行实验之前,先取出土壤作为样品,测量重量。土壤在干燥炉中完全干燥后加入一定质量的水制成不同含水率的实验土壤,如图5-2所示。为了不让土壤干燥,制作了一定含水率的土壤后,马上进行剪切实验。

(2)在装有实验土壤的剪切箱上分别加48.5N、69.3N、110.8N、138.6N的垂直负载,记录土壤与供试材料之间在水平方向上的剪切力测量值。因为在实验进行的过程中,存在上箱与下箱之间的摩擦力,实际测量的力减去摩擦力即为剪切力的测定值。然后，利用得到的数据绘制剪切力与垂直载荷的关系图，这些数据点可以近似表达为回归直线。因此回归直线的方程式已知，可根据式(2-21)计算附着力 C_a 和外部摩擦角 δ。

(3)在其他含水率不同的土壤上按顺序施加 4 种负载，进行一面剪切实验。使用相同的实验方法，可以计算出各不同含水率土壤的附着力 C_a 和外部摩擦角 δ。最后，更换实验材料反复进行剪切实验，记录实验数据。每次实验结束后，马上把样品放进烘干机里烘干。测量干燥土壤重量，计算出实验结束后土壤含水率变化情况。

(4)实验全部完成后，用计算机处理由 A/D 转换接口记录的数据。

5.1.4 实验结果分析

土壤与土壤的剪切实验中测得的垂直应力和剪切应力之间的关系如图 5-3 所示。另外，在图 5-4 中分别表示了使用含水率不同的土壤时根据库伦公式计算出的黏着力 C、内部摩擦角 φ 与土壤含水率的关系。根据图 5-4 可知，土壤黏着力随着土壤含水率的增加而不断发生变化。含水率较低时，黏着力随着含水率的增加逐渐上升，含水率继续增加后，黏着力增加速率不断加快。土壤含水率为 35% 时，黏着力达到最大值，若土壤含水率继续增加，黏着力会从最大值开始逐渐减少并趋于稳定的数值。观察图 5-4 中曲线可发现，含水率低的土壤的黏着力略小于接近饱和状态土壤的黏着力。根据内部摩擦角的变化曲线可知，最初土壤内部摩擦角随着土壤含水率的增加而减少并出现最小值。土壤内部摩擦角达到最小值后随着土壤含水率的增加开始增加，达到最大值后又呈现出下降的趋势。

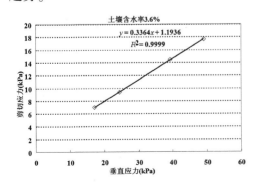

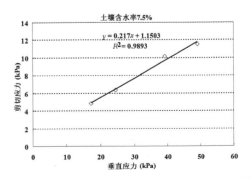

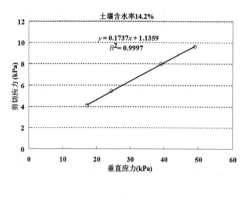

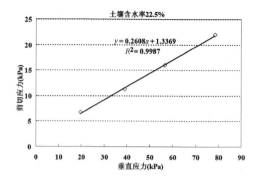

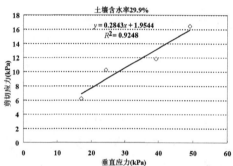

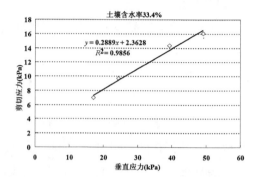

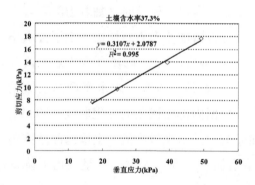

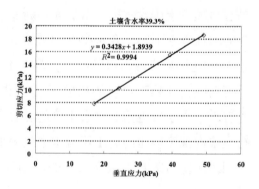

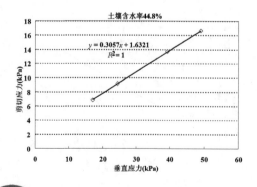

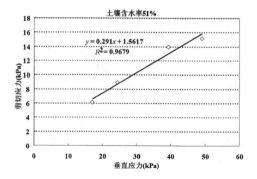

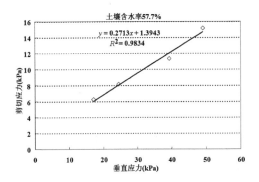

图 5-3　土壤与土壤的剪切实验中测得的垂直应力与剪切应力的关系

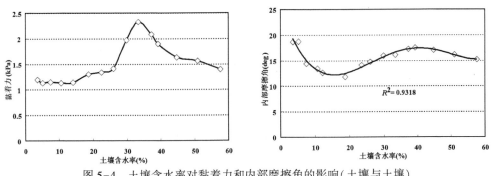

图 5-4　土壤含水率对黏着力和内部摩擦角的影响(土壤与土壤)

　　使用实验土壤和橡胶板进行剪切实验的情况下，测得的垂直应力和剪切应力之间的关系如图 5-5 所示。另外，在图 5-6 中分别表示了使用含水率不同的土壤时根据库伦公式计算出的附着力 C_a、外部摩擦角 δ 与土壤含水率的关系。根据图 5-6 可知，附着力随着土壤含水率的增加而不断发生变化。含水率较低时，附着力随着含水率的增加缓慢增加，土壤含水率超过 25% 后，附着力增加速率不断加快。土壤含水率为 35% 时，附着力达到最大值，若土壤含水率继续增加，附着力会从最大值开始逐渐减少并趋于稳定的数值。观察图 5-6 中曲线可发现，含水率低的土壤的附着力和接近饱和状态土壤的附着力较为接近。根据外部摩擦角的变化曲线可知，最初土壤内部摩擦角随着土壤含水率的增加而减少并出现最小值。土壤内部摩擦角达到最小值后随着土壤含水率的增加开始增加，土壤含水率为 40% 时达到最大值，随后又呈现出下降的趋势。

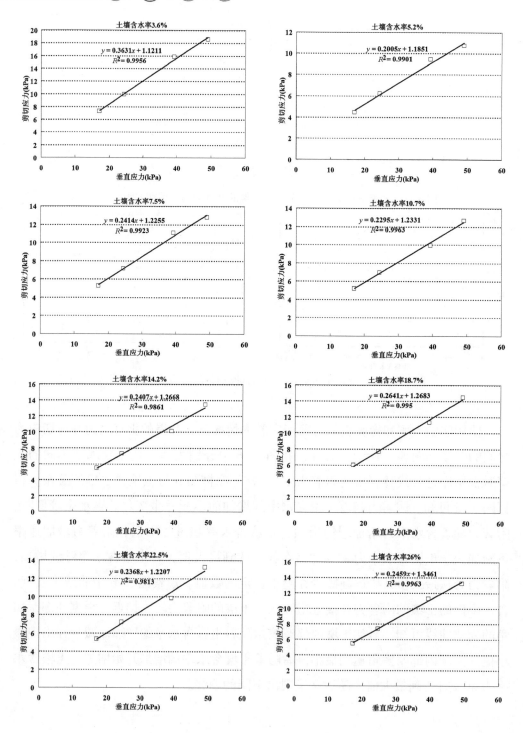

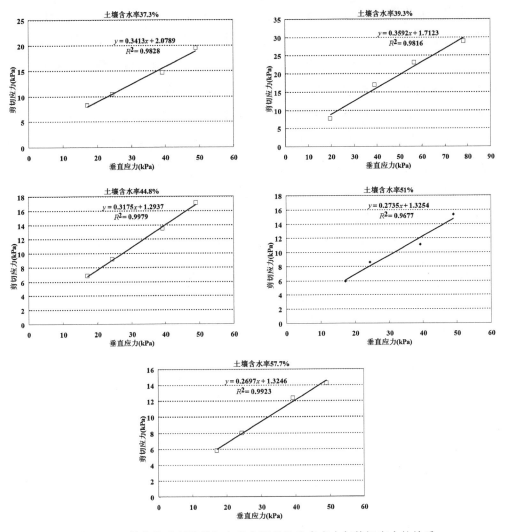

图 5-5　土壤与橡胶板的剪切实验中测得的垂直应力与剪切应力的关系

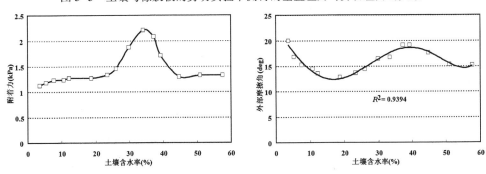

图 5-6　土壤含水率对附着力和外部摩擦角的影响(土壤与橡胶)

使用实验土壤和树脂材料板进行剪切实验的情况下，测得的垂直应力和剪切应力之间的关系如图 5-7 所示。另外，在图 5-8 中分别表示了使用含水率不同的土壤时根据库伦公式计算出的附着力 C_a、外部摩擦角 δ 与土壤含水率的关系。根据图 5-8 可知，附着力随着土壤含水率的增加呈现出一定的变化规律。含水率较低时，附着力随着含水率的增加缓慢增加，土壤含水率超过 25% 后，附着力增加速率不断加快。土壤含水率为 34% 时，附着力达到最大值，若土壤含水率继续增加，附着力会从最大值开始逐渐减少并趋于稳定的数值。观察图5-8中曲线可发现，含水率低的土壤的附着力比接近饱和状态土壤的附着力要小。根据外部摩擦角的变化曲线可知，最初土壤内部摩擦角随着土壤含水率的增加而减少并出现最小值。土壤内部摩擦角达到最小值后随着土壤含水率的增加开始增加，土壤含水率为 40% 时达到最大值，随后又呈现出下降的趋势。

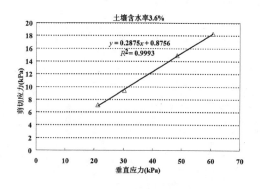

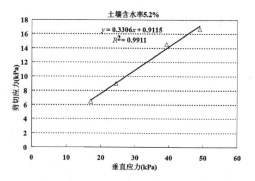

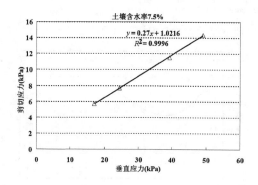

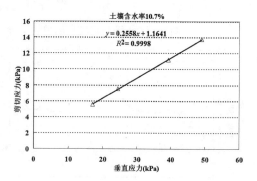

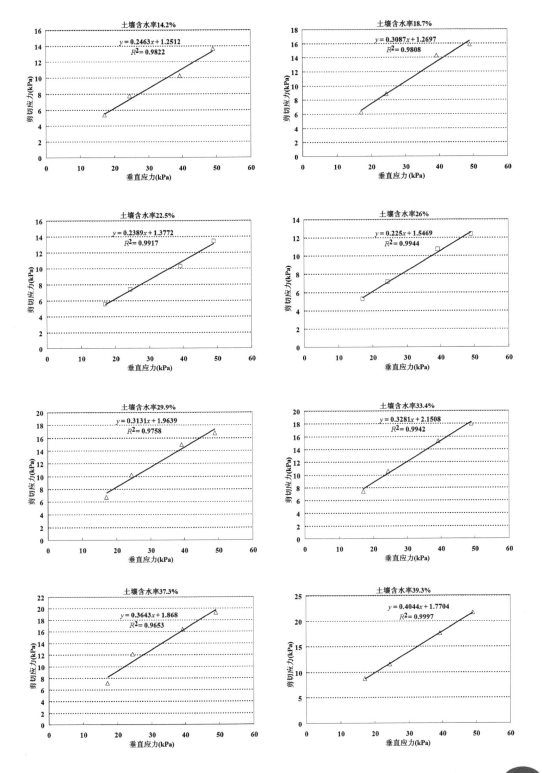

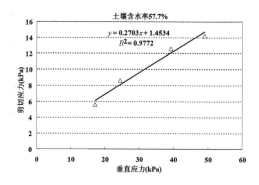

图 5-7 土壤与树脂板的剪切实验中测得的垂直应力与剪切应力的关系

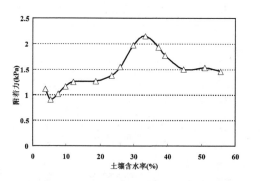

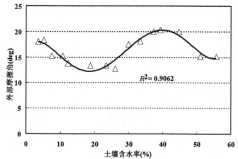

图 5-8 土壤含水率对附着力和外部摩擦角的影响(土壤与树脂)

使用实验土壤和铁板进行剪切实验的情况下,测得的垂直应力和剪切应力之间的关系如图 5-9 所示。另外,在图 5-10 中分别表示了使用含水率不同的土壤时根据库伦公式计算出的附着力 C_a、外部摩擦角 δ 与土壤含水率的关系。根据图 5-10 可知,附着力随着土壤含水率的增加而不断发生变化。含水率较低时,附着力随着含水率的增加缓慢增加,土壤含水率超过 20% 后,附着力增加速率不断加快。土壤含水率为 38% 时,附着力达到最大值,若土壤含水率继续增加,附着力会从最大值开始逐渐减少并趋于稳定的数值。观察图 5-10 中曲线可发现,土壤和铁板之间发生剪切的情况下,含水率低的土壤的附着力明显小于接近饱和状态土壤的附着力,约为饱和状态土壤附着力的 1/2。根据外部摩擦角的变化曲线可知,最初土壤内部摩擦角随着土壤含水率的增加而减少并出现最小值。土壤内部摩擦角达到最小值后随着土壤含水率的增加开始增加,土壤含水率为 42% 时达到最大值,随后又呈现出下降的趋势。

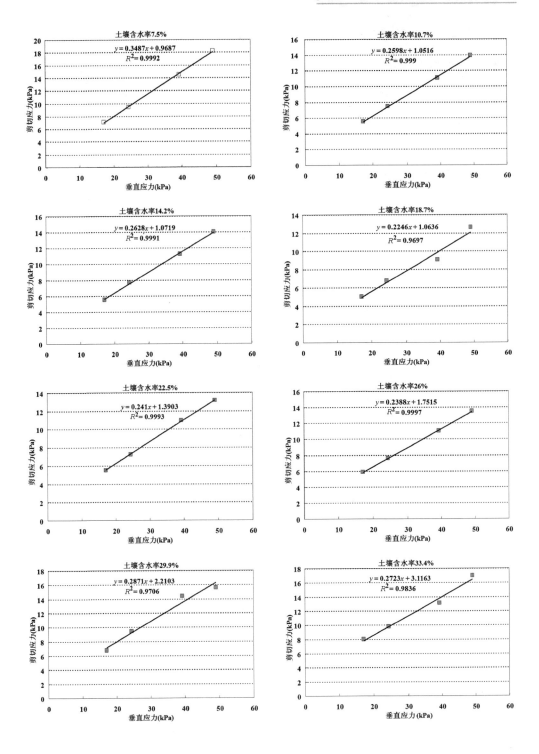

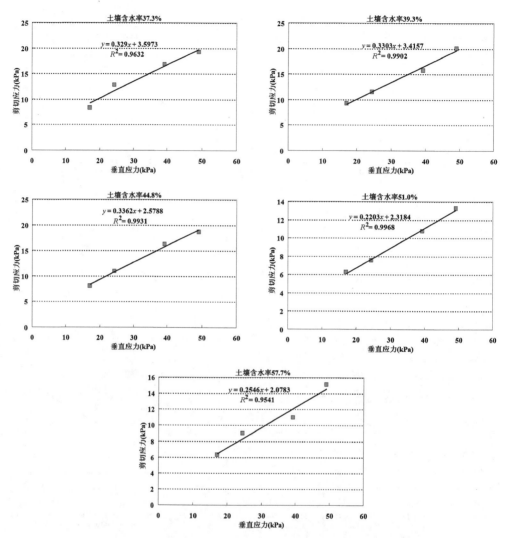

图 5-9　土壤与铁板的剪切实验中测得的垂直应力与剪切应力的关系

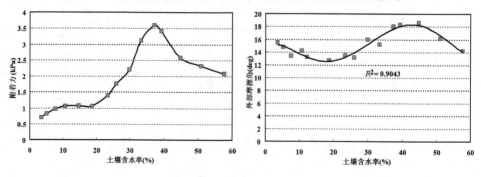

图 5-10　土壤含水率对附着力和外部摩擦角的影响(土壤与铁板)

为了便于比较使用各种不同材料时计算出的砂质壤土附着力 C_a，将实验数据汇总得到图 5-11。从土壤含水率对附着力的影响这一实验结果可以看出，土壤剪切实验中无论使用哪种实验材料，附着力都随着土壤含水率的增加呈现出规律的变化。含水率较低时，附着力随着含水率的增加缓慢上升，增加的速率逐渐变大。土壤含水率超过一定界限后，切线方向附着力呈现出急剧增加的变化趋势，直到出现最大值。若土壤含水率继续增加，附着力会从最大值开始快速减少。表示附着力的变化过程和变化特点的 3 个土壤含水率区间分别称为干燥相、附着相和润滑相。根据数据的比较和分析，当使用橡胶板和树脂板两种材料时，附着力呈现出大致相同的变化趋势。在使用铁板的情况下，附着力的最大值和含水率较高时的附着力变化情况与其他两种材料相比差异很大。这与实验土壤接触的材料表面的粗糙有直接的关系。同时，为了便于比较砂质壤土与各实验材料接触时的外部摩擦角 δ 的变化情况，将实验土壤与 3 种实验材料的剪切实验数据汇总于图 5-12 中。由图 5-12 可知，土壤内部剪切以及土壤和 3 种不同材料剪切的过程中计算得到的土壤摩擦角均呈现出相似的变化趋势，但增减速率、出现的最大值和最小值等略有差异。

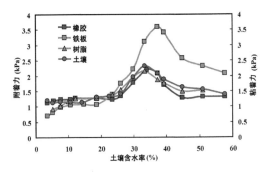

图 5-11　土壤含水率与附着力和黏着力的关系　　图 5-12　土壤含水率和摩擦角之间的关系

5.1.5　小结

根据土壤剪切实验结果分析，明确了土壤和各种常用材料之间发生剪切时土壤含水率和附着力之间的影响关系。土壤含水率较低时，附着力随着含水率的增加逐渐上升，土壤含水率若超过一定界限，切线方向附着力会快速增加。若土壤含水率继续增加，附着力达到理论最大值并开始逐渐减小。实验中得到了表示土壤和几种材料间附着力的变化过程和变化特点的干燥相、附着相和润滑相。由于实验用橡胶板、树脂板和铁板表面质量有一定差异，计算得到的土壤附着力和摩擦角的数值差别较大，但体现出了相似的变化规律。进一步分析实验数据可知，土壤含水率较低时，土壤在实验材料表面的附着性能差异不明显；但土壤含水率较高时，土壤和材料间的附着性能表现出较大的差异。土壤含水率对土壤附着性能的影响很大，在附着相区间中土壤的附着性能最强，干燥相和润滑相区间中附着性能会随之减弱。

5.2　剪切速度对非压实土壤附着力影响的实验

5.2.1　实验目的

轮式或履带式车辆在移动过程中需要较大的牵引力，在这些车辆的行驶装置上通常会使用橡胶轮胎、橡胶履带板或钢制履带板。为了明确土壤和车辆行驶装置触土部件常用材料接触时土壤的附着机理，采用橡胶（RUB）、铁（SS400）、树脂（PEEK）等材料进行和砂质壤土、砂质黏土的非压实土壤剪切实验。此次实验的主要目的是明确在特定实验条件下剪切速度对土壤附着力的影响。

图 5-13　实验装置图

5.2.2　土壤剪切实验装置及实验条件

实验装置如图 5-13 所示,该实验装置在电动式土壤剪切试验机的测量装置的部分安装了负载传感器和电位器。实验装置主要由变速马达、剪切装置、测量装置(负载传感器、A/D 转换中心接口、电位器)三个部分构成。实验进行时,使用变速马达推动土壤剪切箱下箱,土壤与材料之间的剪切力通过负载传感器测量并记录。记录的数据由 A/D 转换中心接口处理后,保存到计算机中。该实验使用砂质壤土(含水率 16%)和砂质黏土(含水率 14%)两种非压密土壤(自然状态),分别以 1mm/min、2mm/min、4mm/min、6mm/min、8mm/min、10mm/min 的剪切速度进行快速土壤剪切实验。与土接触的材料使用橡胶(RUB)、铁(SS400)、树脂(PEEK)。土与材料的接触面为直径 60mm 的圆形区域,即剪切面的面积 A 约为 $2.826 \times 10^{-3} \text{m}^2$,室温设定在 25℃ 左右。剪切位移为 4mm,若剪切位移超过 4mm 仍未出现剪切力极值,剪切位移增加为 6mm。

5.2.3　实验方法

(1)在进行实验之前,先取出土壤作为样品,测量重量。土壤在干燥炉中完全干燥后加入一定质量的水制成特定含水率的实验土壤。为了不让土壤干燥,制作了一定含水率的土壤后,马上进行剪切实验。

(2)在装有实验土壤的剪切箱上分别加 48.5N、69.3N、110.8N、138.6N 的垂直负载,记录剪切速度一定的条件下土壤与实验材料之间在水平方向上的剪切力测量值。因为在实验进行的过程中,存在上箱与下箱之间的摩擦力,实际测量的力减去摩擦力即为剪切力的测定值。然后,利用得到的数据绘制剪切力与垂直载荷的关系图,这些数据点可以近似表达为回归直线。因回归直线的方程式已知,可根据式(2-21)计算附着力 C_a 和外部摩擦角 δ。

(3)改变剪切速度并在实验土壤上按顺序施加 4 种负载,进行土壤剪切实验。使用相同的实验方法,可以计算出剪切速度不同的情况下土壤的附着力 C_a 和外部摩擦角 δ。一次实验全部结束后,更换实验材料和实验土壤,反复进行剪切实验并记录实验数据。每次实验结束后,马上把样品放进烘干机里烘干。测量干燥土壤重量，计算出实验结束后土壤含水率变化情况。

(4)实验全部完成后，用计算机处理由 A/D 转换接口记录的数据。

5.2.4 实验结果分析

在不同的剪切速度下通过砂质壤土和橡胶板之间的剪切实验得到的结果如图 5-14 所示。图 5-15 表示了在不同剪切速度下根据库伦公式计算得出的附着力、外部摩擦角和剪切速度之间的关系。从图 5-15 可以看出，剪切速度在 1~10mm/min 范围内时，非压密砂质壤土和橡胶板发生剪切的过程中，附着力随着剪切速度的增加而增加。剪切速度在 1~10mm/min 的范围内时，外部摩擦角变动量不大，随着剪切速度的增加，外部摩擦角整体呈现减少的趋势。

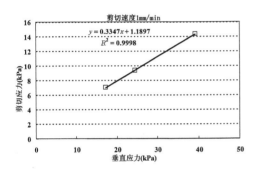

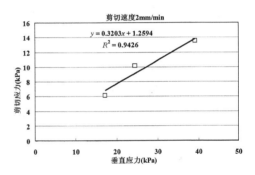

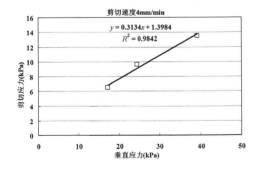

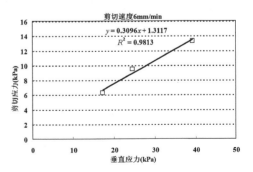

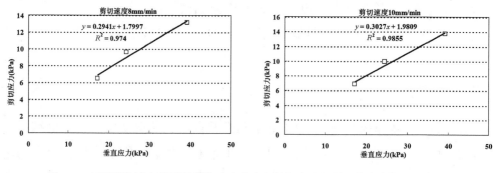

图 5-14　不同剪切速度下得到的垂直应力和剪切应力的关系(砂质壤土和橡胶)

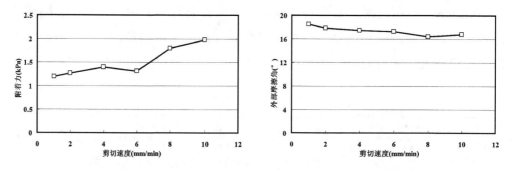

图 5-15　剪切速度对附着力和外部摩擦角的影响(砂质壤土和橡胶)

在不同的剪切速度下通过砂质壤土和树脂材料试样(PEEK)之间的剪切实验得到的结果如图 5-16 所示。图 5-17 表示了在不同剪切速度下根据库伦公式计算得出的附着力、外部摩擦角和剪切速度之间的关系。从图 5-17 可以看出，剪切速度在 1~10mm/min 范围内时，非压实砂质壤土和树脂材料试样发生剪切的过程中，附着力随着剪切速度的增加而增加，但未呈现线性递增的规律。剪切速度在 1~10mm/min 的范围内时，外部摩擦角变动量同样较小，随着剪切速度的增加，外部摩擦角呈现减少的趋势，其减小的速率逐渐减慢。

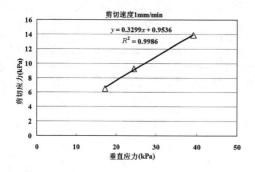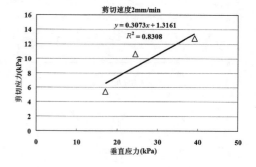

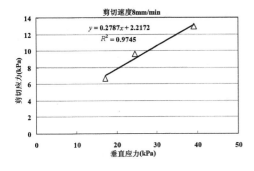
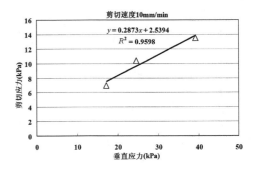

图 5-16　不同剪切速度下得到的垂直应力和剪切应力的关系(砂质壤土和树脂)

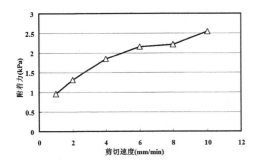
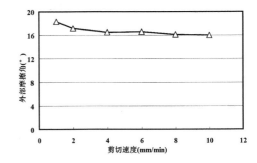

图 5-17　剪切速度对附着力和外部摩擦角的影响(砂质壤土和树脂)

在不同的剪切速度下通过砂质壤土和铁试样(SS400)之间的剪切实验得到的结果如图 5-18 所示。图 5-19 表示了在不同剪切速度下根据库伦公式计算得出的附着力、外部摩擦角和剪切速度之间的关系。从图 5-19 可以看出，剪切速度在 1~4mm/min 范围内时，非压实砂质壤土和铁试样(SS400)发生剪切的过程中，附着力随着剪切速度的增加而增加。剪切速度在 4~10mm/min 范围内时，附着力达到 2.5kPa 并趋于稳定。剪切速度在 1~10mm/min 的范围内时，外部摩擦角变动量较大，随着剪切速度的增加，外部摩擦角整体呈现减少的趋势。

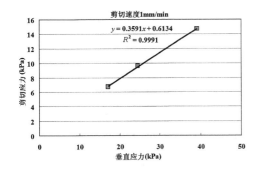
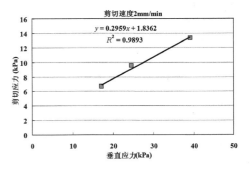

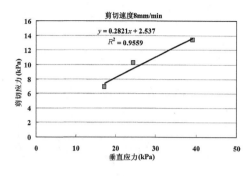
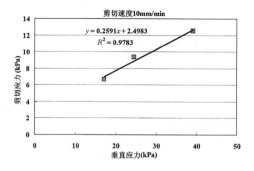

图 5-18　不同剪切速度下得到的垂直应力和剪切应力的关系(砂质壤土和铁板)

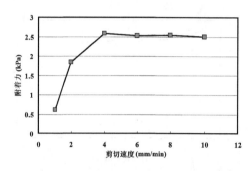
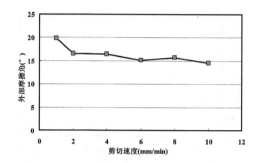

图 5-19　剪切速度对附着力和外部摩擦角的影响(砂质壤土和铁板)

　　在不同的剪切速度下通过砂质黏土和橡胶试样(RUB)之间的剪切实验得到的结果如图 5-20 所示。图 5-21 表示了在不同剪切速度下根据库伦公式计算得出的附着力、外部摩擦角和剪切速度之间的关系。从图 5-21 可以看出，剪切速度在 1~10mm/min 范围内时，非压实砂质黏土和橡胶试样(RUB)发生剪切的过程中，附着力随着剪切速度的增加而增加。剪切速度在 1~6mm/min 的范围内时，外部摩擦角变动量较大，随着剪切速度的增加，外部摩擦角呈现减少的趋势。剪切速度在 6~10mm/min 的范围内时，外部摩擦角随着剪切速度的缓慢增加并趋于平稳。

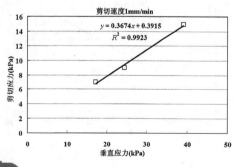
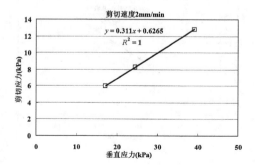

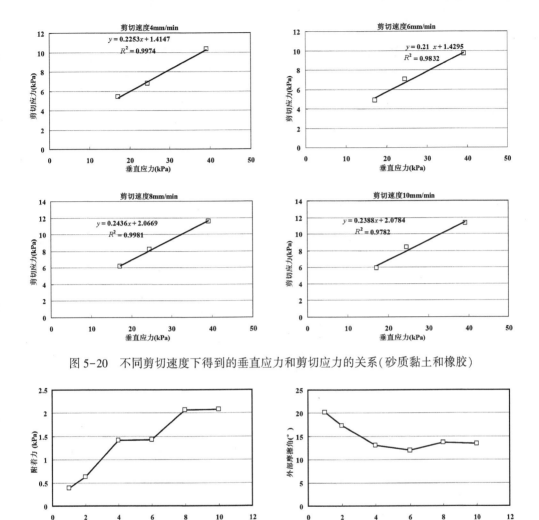

图 5-20　不同剪切速度下得到的垂直应力和剪切应力的关系(砂质黏土和橡胶)

图 5-21　剪切速度对附着力和外部摩擦角的影响(砂质黏土和橡胶)

在不同的剪切速度下通过砂质黏土和树脂材料试样(PEEK)之间的剪切实验得到的结果如图 5-22 所示。图 5-23 表示了在不同剪切速度下根据库伦公式计算得出的附着力、外部摩擦角和剪切速度之间的关系。从图 5-23 可以看出,剪切速度在 1~10mm/min 范围内时,非压实砂质黏土和树脂材料试样(PEEK)发生剪切的过程中,附着力随着剪切速度的增加而增加。附着力在初期增加的速率较快,剪切速度达到 4mm/min 后增加的速率减小。剪切速度在 1~10mm/min 的范围内时,外部摩擦角变动量较大,随着剪切速度的增加,外部摩擦角整体呈现减少的趋势。

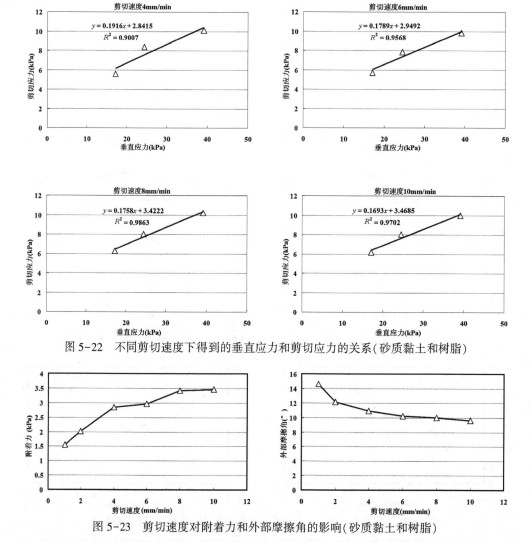

图 5-22　不同剪切速度下得到的垂直应力和剪切应力的关系(砂质黏土和树脂)

图 5-23　剪切速度对附着力和外部摩擦角的影响(砂质黏土和树脂)

在不同的剪切速度下通过砂质黏土和铁试样(SS400)之间的剪切实验得到的结果如图 5-24 所示。图 5-25 表示了在不同剪切速度下根据库伦公式计算得出的附着力、外部摩擦角和剪切速度之间的关系。从图 5-25 可以看出，剪切速度在 1~10mm/min 范围内时，非压实砂质黏土和铁试样(SS400)发生剪切的过程中，附着力随着剪切速度的增加而增加。剪切速度在 1~6mm/min 的范围内时，外部摩擦角变动量大，随着剪切速度的增加，外部摩擦角减小的速率较快。剪切速度在 6~10mm/min 的范围内时，外部摩擦角达到 10° 左右并趋于稳定的数值。

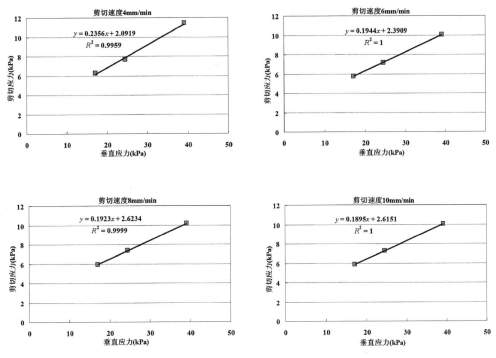

图 5-24 不同剪切速度下得到的垂直应力和剪切应力的关系(砂质黏土和铁板)

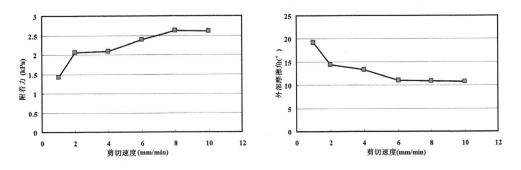

图 5-25 剪切速度对附着力和外部摩擦角的影响(砂质黏土和铁板)

为了便于比较使用各种不同材料时计算出的砂质黏土附着力 C_a，将实验数据汇总得到图 5-26。从剪切速度对附着力影响实验的结果可以看出，无论使用哪种实验材料，附着力都随着剪切速度的增加呈现出规律的变化。剪切速度在 1~4mm/min 范围内时，附着力随着剪切速度的增加快速增加，增加的速率逐渐减小。若剪切速度继续增加，附着力增加的速率会减缓并最终趋于稳定的数值。

根据数据的比较和分析，砂质壤土和铁材料试样之间发生剪切时，土壤的附着性能最好。砂质壤土和树脂材料试样之间发生剪切时表现出来的附着性能次之，砂质壤土和橡胶试样接触时的附着性能相对较差。同时，为了便于比较土壤与各实验材料接触时的外部摩擦角 δ 的变化情况，将实验土壤与 3 种实验材料的剪切实验数据汇总于图 5-26 中。由图 5-26 可知，随着剪切速度的增加，砂质壤土和 3 种不同材料剪切的过程中计算得到的土壤摩擦角均呈现出相似的变化趋势，但增减速率、实测最大值和最小值等略有差别。

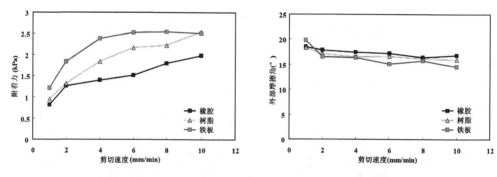

图 5-26　剪切速度对附着力和外部摩擦角的影响（砂质壤土）

同时，为了便于比较使用各种不同材料时计算出的土壤附着力 C_a 和外部摩擦角 δ，将实验数据汇总得到图 5-27。从剪切速度对砂质黏土附着力影响实验的结果可以看出，无论使用哪种实验材料，附着力都随着剪切速度的增加呈现出规律的变化趋势。剪切速度在 $1\sim8mm/min$ 范围内时，附着力随着剪切速度的增加快速增加，增加的速率逐渐减小。若剪切速度继续增加，附着力增加的速率会减缓并最终趋于稳定的数值。根据数据的比较和分析，砂质黏土和树脂材料试样之间发生剪切时，土壤的附着性能最好。砂质黏土和铁材料试样之间发生剪切时表现出来的附着性能次之，砂质黏土和橡胶试样接触时的附着性能相对较差。由图 5-27 可知，随着剪切速度的增加，砂质黏土和 3 种不同材料剪切的过程中计算得到的土壤摩擦角呈现出缓慢减小的变化趋势，实测的外部摩擦角值的大小排列顺序为：$\delta_{橡胶} > \delta_{铁} > \delta_{树脂}$。

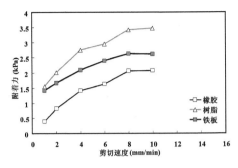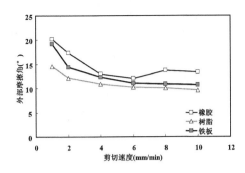

图 5-27　剪切速度对附着力和外部摩擦角的影响(砂质黏土)

5.2.5　小结

在研究剪切速度对非压实土壤附着力影响的实验中，使用了砂质壤土和砂质黏土两种土壤。从已知的实验结果来看，剪切速度在 1~10mm/min 范围内时，两种非压实土壤和供试实验材料发生剪切过程中的附着力均随着土壤含水率的增加而增加。另外，剪切速度在 1~10mm/min 范围内时，外部摩擦角随着剪切速度的增加，整体上有不断减少的变化倾向。实验结果表明，剪切速度在一定区间范围内变化时能够显著影响各类土壤的附着性能，在更大的变化区间内剪切速度对土壤附着性能的影响效果还需进一步的实验研究证明。

5.3 剪切速度、压实时间和垂直负载对压实土壤附着力影响的实验

5.3.1 实验目的

轮式或履带式车辆在移动过程中需要较大的牵引力，在这些车辆的行驶装置上通常会使用橡胶轮胎、橡胶履带板或钢制履带板。为了明确土壤和车辆行驶装置触土部件常用材料接触时土壤的附着机理，采用橡胶（RUB）、铁（SS400）、树脂（PEEK）等材料进行和砂质壤土、砂质黏土的压实土壤剪切实验。此次实验的主要目的是明确在特定实验条件下剪切速度、压实时间和垂直负载3个要素对土壤附着性能的综合影响。

5.3.2 土壤剪切实验装置及实验条件

实验装置如图5-28与图5-29所示，该实验装置在电动式土壤剪切试验机的测量装置的部分安装了负载传感器和电位器。实验装置主要由变速马达、剪切装置、测量装置（负载传感器、A/D转换中心接口、电位器）3个部分构成。实验进行时，使用变速马达推动土壤剪切箱下箱，土壤与材料之间的剪切力通过负载传感器测量并记录。记录的数据由A/D转换中心接口处理后，保存到计算机中。

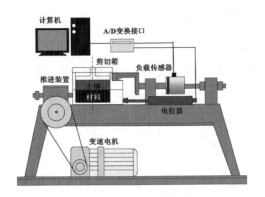

图 5-28 实验装置概略图

图 5-29 实验装置构成

剪切速度对压实土壤附着力影响实验使用砂质壤土(含水率 16%)和砂质黏土(含水率 14%)两种压实土壤(压实负载 49kPa、压实时间 60s 条件下的土壤),分别以 1mm/min、2mm/min、4mm/min、6mm/min、8mm/min、10mm/min 的剪切速度进行快速剪切试验。与土接触的材料使用橡胶(RUB)、铁(SS400)、树脂(PEEK)。土与材料的接触面为直径 60mm 的圆形区域,即剪切面的面积 A 约为 $2.826 \times 10^{-3} m^2$,室温设定在 25℃ 左右。剪切位移为 4mm,若剪切位移超过 4mm 仍未出现剪切力极值,剪切位移增加为 6mm。

压实时间对压实土壤附着力影响实验使用 10s、60s、120s、180s、300s 的压实时间,138.6N 的压实负载条件下制成的砂质壤土(含水率 16%)和砂质黏土(含水率 14%),共 10 种压实土壤(土 1 至土 10),进行快速剪切实验。与土接触的材料使用橡胶(RUB)、铁(SS400)、树脂(PEEK)。土与材料的接触面为直径 60mm 的圆形区域,即剪切面的面积 A 约为 $2.826 \times 10^{-3} m^2$,室温设定在 25℃ 左右。剪切位移为 4mm，剪切速度为 4mm/min，若剪切位移超过 4mm 仍未出现剪切力极值，剪切位移增加为 6mm。

垂直负载对压实土壤附着力影响实验使用 49.0kPa、68.6kPa、98.1kPa、122.6kPa 的压实负载、60s 的压实时间制成的砂质壤土(含水率 16%)和砂质黏土(含水率 14%)，共 8 种压实土壤(土 1 至土 8)，进行快速剪切试验。与土接触的材料使用橡胶(RUB)、铁(SS400)、树脂(PEEK)。土与材料的接触面为直径 60mm 的圆形区域，即剪切面的面积 A 约为 $2.826 \times 10^{-3} m^2$，室温设定在 25℃ 左右。剪切位移为 4mm，剪切速度设置为 4mm/min，若剪切位移超过 4mm 仍未出现剪切力极值，剪切位移增加至 6mm。

5.3.3 实验方法

(1)在进行实验之前，先取出土壤作为样品，测量重量。土壤在干燥炉中完全干燥后加入一定质量的水，分别制成含水率为 14% 和 16% 的实验土壤。为了不让土壤干燥，制作了一定含水率的土壤后，需马上进行剪切实验。

(2)剪切速度对压实土壤附着力影响实验：将 60g 的供试土壤填充到剪切箱中，以压实负载 138.6N、压实时间 60s 的条件制成压实土壤。在装有压实土壤的剪切箱上分别加 48.5N、69.3N、110.8N、138.6N 的垂直负载，记录剪切速度一定的条件下土壤与实验材料之间在水平方向上的剪切力测量值。因为在实验进行的过程中，存在上箱与下箱之间的摩擦力，实际测量的力减去摩擦力即为剪切力的测定值。利用得到的数据绘制剪切力与垂直载荷的关系图，并近似表达为回归直线。因回归直线的方程式已知，可根据式(2-21)计算附着力 C_a 和外部摩擦角 δ。改变剪切速度并在实验土壤上按顺序施加 4 种负载，进行土壤剪切实验。使用相同的实验方法，可以计算出剪切速度不同的情况下土壤的附着力 C_a 和外部摩擦角 δ。一次实验全部结束后，更换实验材料和实验土壤，反复进行剪切实验并记录实验数据。每次实验结束后，马上把样品放进烘干机里烘干。测量干燥土壤重量，计算出实验结束后土壤含水率变化情况。

(3)压实时间对压实土壤附着力影响实验：将 60g 的供试土壤填充在剪切箱中，以 10s、60s、120s、180s、300s 的压实时间，138.6N 的压实负载条件制成

10种压实土壤(土1至土10)。在装有压实土壤的剪切箱上分别加48.5N、69.3N、110.8N、138.6N的垂直负载,记录剪切速度为4mm/min条件下土壤与实验材料之间在水平方向上的剪切力测量值。因为在实验进行的过程中,存在上箱与下箱之间的摩擦力,实际测量的力减去摩擦力即为剪切力的测定值。利用得到的数据绘制剪切力与垂直载荷的关系图,并近似表达为回归直线。因回归直线的方程式已知,可根据式(2-21)计算附着力 C_a 和外部摩擦角 δ。更换压实土壤并在实验土壤上按顺序施加4种负载,进行土壤剪切实验。使用相同的实验方法,可以计算出不同种类压实土壤的附着力 C_a 和外部摩擦角 δ。一次实验全部结束后,更换实验材料,重复进行剪切实验并记录实验数据。实验结束后,马上把样品放进烘干机里烘干。测量干燥土壤重量,计算实验结束后土壤含水率的变化情况。

(4)压实垂直负载对压实土壤附着力影响实验:将60g的供试土壤填充到剪切箱中,以138.6N、194.0N、277.5N、346.8N的压实载荷、60s的压实时间制成含水率为16%的砂质壤土和含水率为14%的砂质黏土,合计8种压实土壤(土1至土8)作为实验用土壤使用。在装有压实土壤的剪切箱上分别加48.5N、69.3N、110.8N、138.6N的垂直负载,记录剪切速度为4mm/min条件下土壤与实验材料之间在水平方向上的剪切力测量值。因为在实验进行的过程中,存在上箱与下箱之间的摩擦力,实际测量的力减去摩擦力即为剪切力的测定值。利用得到的数据绘制剪切力与垂直载荷的关系图,并近似表达为回归直线。因回归直线的方程式已知,可根据式(2-21)计算附着力 C_a 和外部摩擦角 δ。更换压实土壤并在实验土壤上按顺序施加4种负载,进行土壤剪切实验。使用相同的实验方法,可以计算出不同压实载荷下制作的压实土壤的附着力 C_a 和外部摩擦角 δ。一次实验全部结束后,更换实验材料,重复进行剪切实验并记录实验数据。实验结束后,马上把样品放进烘干机里烘干。测量干燥土壤重量,计算实验结束后土壤含水率的变化情况。

(5)实验全部完成后,用计算机处理由A/D转换接口记录的数据。

5.3.4 实验结果分析

通过压实砂质壤土和3种材料间的剪切实验得到的剪切速度和附着力之间的

关系如图 5-30 所示。从图 5-30 可看出，剪切速度在 1~10mm/min 范围内，压实砂质壤土与各材料发生剪切运动时，附着力随着剪切速度的增加而减小。压实砂质土壤和橡胶、铁试样接触时，表现出较为相近的附着性能。剪切速度一定的情况下，压实砂质壤土附着力按橡胶试样、铁试样、树脂材料试样的顺序逐次变小。

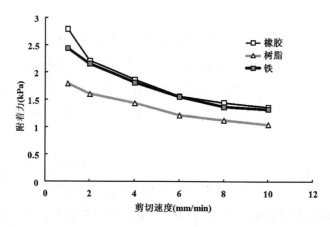

图 5-30　剪切速度和附着力之间的关系(压实砂质壤土)

　　通过压实砂质壤土和 3 种材料间的剪切实验得到的剪切速度和外部摩擦角之间的关系如图 5-31 所示。由此关系图可知，剪切速度在 1~10mm/min 范围内变动时，外部摩擦角随着剪切速度的增加发生了较大波动，整体上呈现缓慢增加的趋势。压实砂质壤土和 3 种材料接触时，外部摩擦角的差异较小，实测的外部摩擦角均值的大小排列顺序为：$\delta_{橡胶} > \delta_{树脂} > \delta_{铁}$。

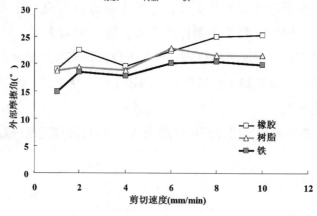

图 5-31　剪切速度和外部摩擦角之间的关系(压实砂质壤土)

通过压实砂质黏土和3种材料间的剪切实验得到的剪切速度和附着力之间的关系如图5-32所示。从图5-32可看出，剪切速度在1~10mm/min范围内，压实砂质黏土与各材料间发生剪切运动时，附着力随着剪切速度的增加而减小。剪切速度一定的情况下，压实砂质黏土附着力按橡胶试样、树脂材料试样、铁试样的顺序逐次变小。对比两种土壤的剪切实验结果可看出，不同土质和同一实验材料之间的附着性能有较大差异。

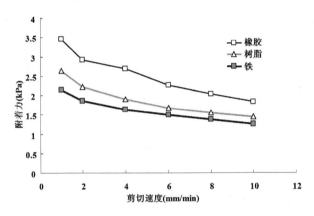

图5-32　剪切速度和附着力之间的关系(压实砂质黏土)

通过压实砂质黏土和3种材料间的剪切实验得到的剪切速度和外部摩擦角之间的关系如图5-33所示。由此关系图可知，剪切速度在1~10mm/min范围内变动时，外部摩擦角随着剪切速度的增加同样发生了较大波动，整体上呈现缓慢增加的趋势。压实砂质黏土和3种材料接触时，外部摩擦角的差异较小，实测的外部摩擦角均值的大小排列顺序为：$\delta_{橡胶} > \delta_{铁} > \delta_{树脂}$。

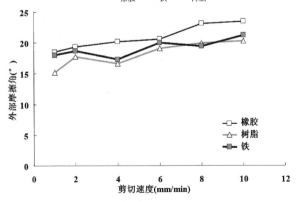

图5-33　剪切速度和外部摩擦角之间的关系(压实砂质黏土)

非压实土壤和压实土壤的附着力变化对比如图 5-34、图 5-35 所示。由图5-34 可知，在使用砂质壤土的条件下，非压实土壤附着力随着剪切速度的增加而增加，压实土壤附着力随剪切速度的增加逐渐减小，不同的土壤状态呈现出了完全不同的附着性能变化规律。剪切速度在 1～6mm/min 范围内时，压实土壤和橡胶试样间的附着性能优于非压实土壤；剪切速度在 6～10mm/min 范围内时，非压实土壤的附着性能更好。剪切速度在 1～3mm/min 范围内时，压实土壤和树脂试样间的附着性能优于非压实土壤；剪切速度在 3～10mm/min 范围内时，非压实土壤的附着性能更好。剪切速度在 1～3mm/min 范围内时，压实土壤和铁试样间的附着性能优于非压实土壤；剪切速度在 3～10mm/min 范围内时，非压实土壤的附着性能更好。

由图 5-35 可知，在使用砂质黏土的条件下，非压实土壤附着力同样随着剪切速度的增加而增加，压实土壤附着力随剪切速度的增加逐渐减小，不同的土壤状态仍然呈现出完全不同的附着性能变化规律。剪切速度在 1～8mm/min 范围内时，压实土壤和橡胶试样间的附着性能优于非压实土壤；剪切速度在 8～10mm/min 范围内时，非压实土壤的附着性能更好。剪切速度在 1～2mm/min 范围内时，压实土壤和树脂试样间的附着性能优于非压实土壤；剪切速度在 2～10mm/min 范围内时，非压实土壤的附着性能更好。剪切速度在 1～2.4mm/min 范围内时，压实土壤和铁试样间的附着性能优于非压实土壤；剪切速度在 2.4～10mm/min 范围内时，非压实土壤的附着性能更好。整体上来说，砂质黏土对于 3 种实验材料的附着性能要好于砂质壤土。

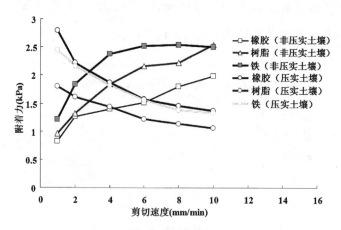

图 5-34　非压实土壤和压实土壤的附着力变化对比(砂质壤土)

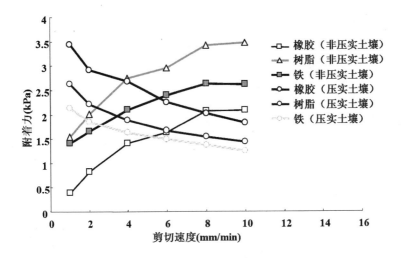

图例：
- 橡胶（非压实土壤）
- 树脂（非压实土壤）
- 铁（非压实土壤）
- 橡胶（压实土壤）
- 树脂（压实土壤）
- 铁（压实土壤）

纵轴：附着力(kPa)
横轴：剪切速度(mm/min)

图 5-35 非压实土壤和压实土壤的附着力变化对比(砂质黏土)

压实时间对压实土壤附着力影响实验在压实负载 49kPa 的条件下，分别使用了 10s、60s、120s、180s、300s 的压实时间制作 5 种压实度不同的实验用土壤（土 1、土 2、土 3、土 4、土 5）。使用砂质壤土时得到的压实时间和附着力之间的关系如图 5-36 所示。从图 5-36 中可以看出，压实时间 10~300s 范围内制作的压实砂质壤土与各材料接触时，附着力随着压实时间的增加而变小。也就是说，随着压实度的增加，砂质壤土的附着力逐渐变小并趋于稳定的数值。在压实度一定的情况下，附着力按照橡胶、铁、树脂的顺序逐次减小。3 种材料中，砂质壤土对于树脂试样的附着性能要明显弱于橡胶和铁试样。

使用砂质壤土时得到的压实时间和外部摩擦角之间的关系如图 5-37 所示。从图 5-37 中可以看出，压实时间 10~300s 范围内制作的压实砂质壤土与 3 种材料接触时，外部摩擦角随着压实时间的增加在整体上呈现出了增加的变化趋势。也就是说，随着压实度的增加，砂质壤土的外部摩擦角会有 3°~5°的增加。在压实度一定的情况下，外部摩擦角按照橡胶、树脂、铁的顺序逐次减小。

使用砂质黏土时得到的压实时间和附着力之间的关系如图 5-38 所示。从图 5-38 中可以看出，压实时间 10~300s 范围内制作的压实砂质黏土与 3 种材料接触时，附着力同样随着压实时间的增加而变小。从图中曲线可以看出，随着压实度的增加，砂质黏土的附着力逐渐变小并趋于稳定的数值。在压实度一定的情况下，附着力按照橡胶、铁、树脂的顺序逐次减小。3 种材料中，砂质黏土对于树

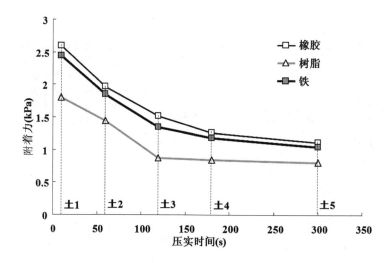

图 5-36　压实时间和附着力之间的关系(砂质壤土)

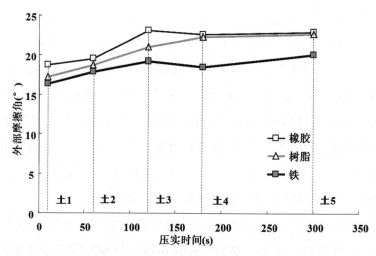

图 5-37　压实时间和外部摩擦角之间的关系(砂质壤土)

脂试样的附着性能要弱于橡胶和铁试样。砂质黏土和橡胶试样接触时,压实度对土壤附着性能的影响效果相对来说较为明显。

　　使用砂质黏土时得到的压实时间和外部摩擦角之间的关系如图 5-39 所示。从图 5-39 中可以看出,压实时间 10~300s 范围内制作的压实砂质黏土与 3 种材料接触时,外部摩擦角随着压实时间的增加在整体上呈现出了缓慢增加的变化趋势。从实验数据分析可知,随着压实度的增加,砂质黏土的外部摩擦角会有1°~5°的增加。在压实度一定的情况下,外部摩擦角按照橡胶、树脂、铁的顺序逐次减小。

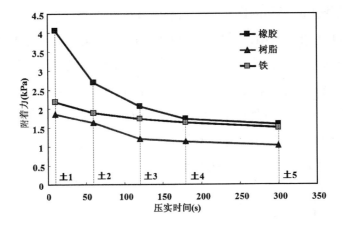

图 5-38 压实时间和附着力之间的关系(砂质黏土)

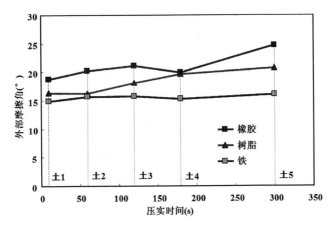

图 5-39 压实时间和外部摩擦角之间的关系(砂质黏土)

压实垂直负载对压实土壤附着力影响实验在压实时间 60s 的条件下,分别施加 49kPa、68kPa、98kPa、122kPa 的垂直负载,制作了 4 种压实度不同的实验用土壤(土 1、土 2、土 3、土 4)。从图 5-40 中可以看出,压实负载在 49~122kPa 范围内制作的压实砂质壤土与 3 种材料接触时,附着力同样随着压实时间的增加而变小。从图中曲线可以看出,随着压实度的增加,砂质壤土的附着力有继续减小的趋势。在压实度一定的情况下,附着力按照橡胶、铁、树脂的顺序逐次减小。3 种材料中,砂质壤土对于橡胶试样的附着性能要明显强于树脂和铁试样。砂质壤土和橡胶试样接触时,压实度对土壤附着性能的影响效果相对来说较为明显。从实验结果来看,压实时间和压实垂直负载都会直接影响砂质壤土的压实度,从而改变土壤的附着性能。

　　使用砂质壤土时得到的压实垂直负载和外部摩擦角之间的关系如图 5-41 所示。从图 5-41 中可以看出，在压实载荷 49~122kPa 范围内制作的压实砂质壤土与 3 种实验材料接触时，外部摩擦角随着压实度的增加表现出了较大的波动性，但在整体上仍呈现出增加的趋势。由实验数据分析可知，随着压实度的增加，砂质壤土的外部摩擦角平均会有 4°~5°的增加。在压实度一定的情况下，砂质壤土和铁试样之间的摩擦角略小于橡胶和树脂两种实验材料。从总体来看，外部摩擦角按照橡胶、树脂、铁的顺序逐次减小。

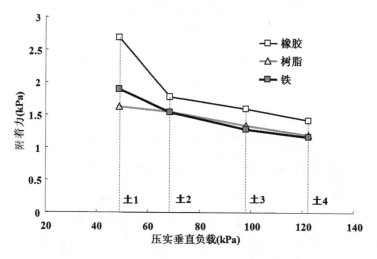

图 5-40　压实负载和附着力之间的关系（砂质壤土）

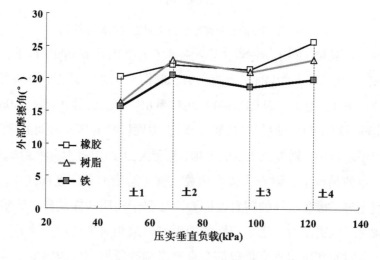

图 5-41　压实负载和外部摩擦角之间的关系（砂质壤土）

使用砂质黏土时得到的压实垂直负载和附着力之间的关系如图 5-42 所示。从图 5-42 中可以看出，压实负载在 49~122kPa 范围内制作的压实砂质黏土与 3 种材料接触时，附着力同样随着压实时间的增加逐渐变小。从图中曲线可以看出，随着压实度的增加，砂质黏土的附着力有继续减小的趋势，但减小的速率逐渐减缓。在压实度一定的情况下，砂质黏土附着力按照橡胶、铁、树脂的顺序逐次减小。3 种材料中，砂质黏土对于树脂试样的附着性能要弱于橡胶和铁试样。砂质黏土和橡胶试样接触时，压实度对土壤附着性能的影响效果相对来说较为明显。使用土2、土3、土4 3 种实验土壤时，橡胶试样和铁试样体现出了相近的附着性能。从实验结果来看，压实时间和压实垂直负载都会直接影响砂质黏土的压实度，从而改变土壤的附着性能。

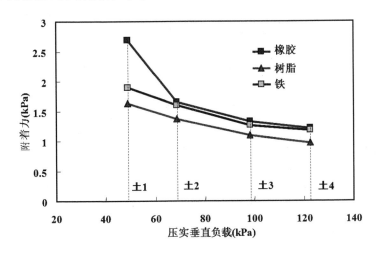

图 5-42 压实负载和附着力之间的关系(砂质黏土)

使用砂质黏土时得到的压实垂直负载和外部摩擦角之间的关系如图 5-43 所示。从图 5-43 中可以看出，在压实载荷 49~122kPa 范围内制作的压实砂质黏土与 3 种实验材料接触时，外部摩擦角随着压实度的增加缓慢增加，达到最大值后呈现出减小的趋势。由实验数据分析可知，随着压实度的增加，砂质黏土的外部摩擦角平均会有 2°~5° 的变动量。在压实度一定的情况下，砂质黏土和橡胶试样之间的摩擦角明显大于铁和树脂两种实验材料。从总体来看，外部摩擦角按照橡胶、树脂、铁的顺序逐次减小。

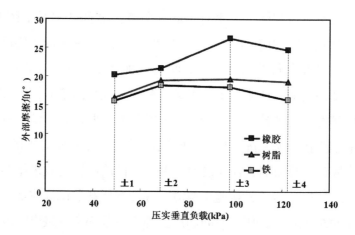

图 5-43　压实负载和外部摩擦角之间的关系(砂质黏土)

5.3.5　小结

含水率对土壤附着力影响的实验结果表明,切线方向附着力随着土壤含水率的增加缓缓变大,含水率超过一定界限后切线方向附着力增加速率加快,土壤附着性能显著提高。此后若土壤含水率继续增加,附着力达到最大值后呈现不断减小的变化趋势。实验中得到了根据土壤含水率区分开来的干燥相、附着相和润滑相,印证了相关文献中提出的土壤三相理论。受土壤含水率影响,各种实验材料和土壤间的外部摩擦角同样呈现出较为规律的变化。

剪切速度对非压实土壤切线方向附着力影响实验的实验结果表明,实验土壤和 3 种实验材料发生剪切运动的过程中,附着力都随土壤剪切速度的增加而增加。剪切速度在 1~10mm/min 的范围内变化时外部摩擦角有增有减,但整体上外部摩擦角随剪切速度的增加呈现逐渐减小的趋势。

剪切速度对压实土壤切线方向附着力影响的实验结果表明,实验土壤和 3 种实验材料发生剪切运动的过程中,附着力随着土壤剪切速度的增加呈现减小的趋势。剪切速度在 1~10mm/min 的范围内变化时,外部摩擦角随土壤剪切速度的增加有一定的波动,但整体上变化的趋势是增大的。和非压实土壤急速剪切实验的结果相比较,随剪切速度的增加,压实土壤附着力和外部摩擦角呈现出完全相反的变化趋势。

压实时间对压实土壤切线方向附着力影响的实验结果表明,使用各种不同压实时间制作的土壤和各种实验材料接触并发生剪切运动时，附着力都随着土壤压实程度的增加而减小。而在这个范围内外部摩擦角在整体上呈现出随土壤压实程度的增加而增大的变化趋势。

垂直压实载荷对压实土壤切线方向附着力影响实验的实验结果表明，使用各种不同载荷制作的土壤和各种实验材料接触并发生剪切运动时，附着力同样随着土壤压实程度的增大逐渐减小。而在同样的范围内外部摩擦角在整体上也同样呈现出随土壤压实程度的增加而增大的变化趋势。

对于使用玻璃球模拟土粒子的实验，切线方向附着力和玻璃球周围形成的水膜圆的大小有直接的关系，此影响关系可以用 $F_{ax} = kST\cos\alpha$ 这个公式来表示。系数 k 并非常数，而是随接触表面状态和试验用玻璃球直径大小的变化而不断发生变化。实验定量地证明了土壤切线方向附着力和土壤含水率，土粒子大小（土壤种类）以及接触材料表面质量等有直接的关系。此实验结果对土壤–机械相互作用的解析有一定的指导作用。

从利用各种含水率的土壤和橡胶材料试样、金属材料试样、树脂类材料试样进行剪切实验的结果来看，无论使用哪种实验材料，切线方向附着力都随着土壤含水率的变化而变化并表现出三相：干燥相、附着相、润滑相。土壤和材料之间的外部摩擦角随土壤含水率的增加呈现较为规律的变化趋势。砂质壤土、砂质黏土和各种实验材料的剪切试验，通过对大量实验数据的对比分析明确了剪切速度，压实度等因素对土壤附着力的影响。这个实验结果为车辆行走装置以及作业装置和土壤间相互作用的解析提供了有益的基础数据。

土壤剪切实验中使用的各类实验测量装置在实际测量时不可避免会产生一定的实验误差，后续相关实验会使用测量精度更高的实验仪器以及科学的实验方法以提高测量精度。同时，实验数据量还未达到理想的要求，为了保证实验结果的准确性和可靠性，还需要大量的实验数据支持。有基础研究数据作为支持，后续可进一步开展防止作业机械土壤附着以及提高地面车辆推进力这两方面的相关实验研究。

6

履带板触土部分形状对车辆推进力影响的实验

6.1 实验目的

越野车辆可以行驶在山地、农田等未铺设的不规整路面上，包含农业车辆在内的各种作业车辆都属于越野车辆。各类越野车辆，通过履带或轮胎和地面之间的相互作用产生的推进力行驶。而车辆推进力大小主要取决于地表土壤的力学特性和车辆行驶装置的性能。对于车辆本身来说，发动机的功率、作为行走装置的履带和轮胎的形状和材质等会直接影响车辆推进力大小。地表土壤的力学性质，如黏着力、内部摩擦角、附着力、外部摩擦角、土的密度、含水率等，同样会影响车辆的推进力。

各种特种作业车辆要满足在各种复杂地表环境下行走，必须要有普通车辆所不具备的优越的行走性能和牵引性能。其中，决定特种作业车辆行走性能和牵引性能的一个重要方面就是其配置的行走装置。轮胎、履带等经常会用来作为特种车辆行走装置来使用。但由于车辆行走装置接触地面部分设计的不合理，经常会导致车辆的牵引性能不能得到最大程度的发挥，增加能耗，降低作业效率。若要使车辆的通过性能和牵引性能得到提升，必须要明确行走装置触土部件和路面土壤之间的相互作用力关系，设计出能够发挥车辆最优行走性能的行走装置。

金属履带经常被使用在推土机、履带式搬运机、履带式拖拉机等需要较大牵引力的工程车辆的行走系统当中。为了提高作业机械的行走性能，很多研究人员从减少土壤黏附为出发点，进行了一系列实验研究并取得了相应成果。同时，履带板触土部分的形状是直接影响到作业车辆行走性能的重要因素之一，它可以很大程度上决定行走装置在与路面土壤接触时车辆的行走性能能否得到最大程度的发挥。到目前为止，已经有大量关于履带板受力情况分析、推进力预测以及履带板形状优化方面的研究成果，但是大部分都没有考虑到触土部件厚度对推进力产生的影响。实际上，对于一定长度的履带板来说，触土部件厚度的变化会直接导致履带下端面和土壤的接触面积加大，履带板运动过程中整体的推进力也会产生相应变化，这个影响因素不能被忽略。

因此，本实验以履带式车辆行走装置所配置的金属履带板为研究对象，通过理论分析预测能够发挥车辆最大推进力的金属履带板触土部分的最合理形状并通过推进力测量实验数据加以分析证明。同时，对实测得到的推进力数据和根据二维剪切模型推算的预测值进行对比分析。

6.2 理论分析

6.2.1 履带板简化模型与履带板二维剪切破坏模型的构建

为实验计算方便，将车辆履带行走装置的履带部分进行模型化，可得到如图6-1所示的简化模型。图6-2为单一金属履带板上作用的垂直方向力的分析图，从图中可以看出履带板受到垂直载荷 W 和接地压力 q_1、q_2。接地压力 q_1、q_2 相当于支承反力，和垂直载荷 W 相互平衡。两侧面虽然有力的作用，但作用力相对较小，可以忽略不计。相应的计算公式如下所示。

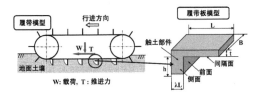

图6-1 履带简化模型

载荷和接地压力之间的关系可表示为 h

$$W = q_1 \lambda B + q_2 (1 - \lambda) LB \qquad 式(6-1)$$

履带触土部件下端面接地压力为

$$q_1 = \left(\frac{k_c}{B} + k_\varphi\right)(h + Z_0)^n \qquad 式(6-2)$$

履带板下端面接地压力为

$$q_2 = \left(\frac{k_c}{B} + k_\varphi\right) Z_0^{\,n} \qquad 式(6-3)$$

在上述关系式当中,λ 为履刺下端面长度,B 为履带板宽度,L 为履带板长度,k_c 为 Bekker 内聚力系数,k_φ 为摩擦变形模量,h 为履刺高度,Z_0 为土壤沉降量。

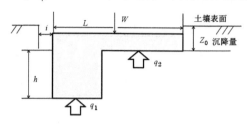

图 6-2　在金属履带板上作用的垂直方向的力

图 6-3 是经简化后得到的履带板二维剪切破坏模型。履带板在运动过程中产生的推进力如图所示,通过文献查阅可以得到履带触土部分下端面的受力公式和土壤剪切面的受力公式。前后两侧面一部分发生的是土壤之间的剪切,另一部分是土壤和履带板侧面之间的剪切,此次实验把整个侧面看作是土壤之间的剪切来进行计算。

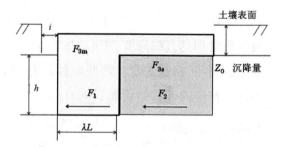

图 6-3　金属履带板的二维剪切破坏模型

履带触土部分下端面受力公式为

$$F_1 = \lambda BL(C_a + q_1 tan\delta)(1 - e^{i/k}) \qquad \text{式}(6\text{-}4)$$

土壤剪切面受力公式为

$$F_2 = (1 - \lambda)BL(C + q_2 tan\varphi)(1 - e^{i/k}) \qquad \text{式}(6\text{-}5)$$

前后两侧面受力关系式为

$$F_3 = 2(F_{3m} + F_{3s}) \qquad \text{式}(6\text{-}6)$$

推进力计算公式为

$$F = F_1 + F_2 + F_3 \qquad \text{式}(6\text{-}7)$$

在以上公式中,C_a 为附着力,C 为土壤间黏着力,δ 为外部摩擦角,φ 为内部摩擦角,i、k 分别为比例系数,λ 为厚度比率。

6.2.2　车辆行走机构触土部件和土壤之间的相互作用的理论分析

在前期研究基础上，对土壤粒子和车辆行走机构间的受力情况进行深入的理论分析并通过计算式表达，建立能够反映车辆弹性变形触土部件和土壤间相互作用关系的二维力学模型和三维力学模型并明确模型分析方法，阐明松软地面条件下车辆行走机构触土部件和土壤之间的相互作用机理。

对于松软地面土壤力学模型构建：首先，在分析土壤粒子之间受力作用基础上把地面土壤分成具有离散运动特征的上层土壤和具有连续运动特征的下层土壤两部分；其次，为表达土壤粒子的流动特性利用离散单元法构建上层土壤模型；再次，利用多质点方法构建下层土壤的弹塑性支撑模型；最后，利用计算式表达土壤的复合模型。松软地面土壤简化模型建立方法如图 6-4 所示。

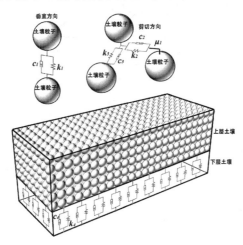

图 6-4　松软地面土壤简化模型

对于特种车辆弹性变形行走机构模型构建：首先，对具有弹性变形性质的行走机构触土部件进行受力分析；其次，利用多质点法构建具有平整接地表面的车辆行走机构模型；再次，利用多质点法构建能够表现受力弯曲、局部变形和接触面凹凸形状的车辆行走机构模型；最后，利用计算式表达车辆弹性变形行走机构模型。车辆弹性变形行走机构模型构建方法如图 6-5 所示。

基于车辆弹性变形行走机构模型，可进一步建立能够反映不同路面条件下履带式移动平台振动特性的动力学模型。基于实验车辆的基本技术参数，综合考虑

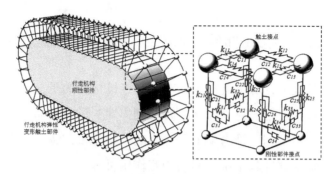

图 6-5　车辆弹性变形行走机构模型

行走装置各个支重轮水平方向和垂直方向的弹性系数和衰减系数变化，建立不考虑水平方向作用力影响情况下的履带移动平台重心位置的运动平衡方程和考虑水平方向作用力对车辆行走性能影响的履带移动平台重心位置的运动平衡方程，如式(6-8)至式(6-13)所示。同时，构建能够反映各种路面条件下履带式移动平台振动特性的动力学模型，如图 6-6 所示。通过动力学模型的构建，可以得到履带移动平台重心位置在垂直方向、水平方向和回转方向上振动加速度变化的理论数据。

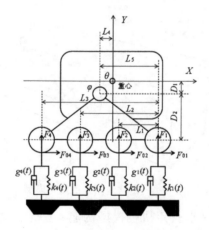

图 6-6　履带移动平台动力学模型

$$M\ddot{X} = 0 \qquad\qquad 式(6-8)$$

$$M\ddot{Z} = F_1 + F_2 + F_3 + F_4 - Mg - mgI\ddot{\theta} \qquad\qquad 式(6-9)$$

$$= (L_4 + D_1\theta)(F_1 + F_2 + F_3 + F_4 - mg) \qquad\qquad 式(6-10)$$

$$M\ddot{X} = F_{01} + F_{02} + F_{03} + F_{04} \qquad\qquad 式(6-11)$$

$$M\ddot{Z} = F_1 + F_2 + F_3 + F_4 - Mg - mg \qquad\qquad 式(6-12)$$

$$I\theta'' = (F_{01}+F_{02}+F_{03}+F_{04})(D_1-L_4\theta)-(L_4+D_1\theta)(F_1+F_2+F_3+F_4-mg)$$

式(6-13)

以反映履带式移动平台振动特性的动力学模型为依据在 RecurDyn 中建立简易履带移动平台虚拟试验样机模型和考虑动弹性系数影响的虚拟试验样机模型，通过动力学仿真得到有用的实验数据。在履带实验参数已知的条件下，进行橡胶履带-支重轮组接触条件—定条件下水平路面行驶动力学仿真实验和橡胶履带-支重轮组接触条件变化条件下水平路面行驶动力学仿真实验。图 6-7 为在 Recur-Dyn 中建立的履带移动平台动力学模型。

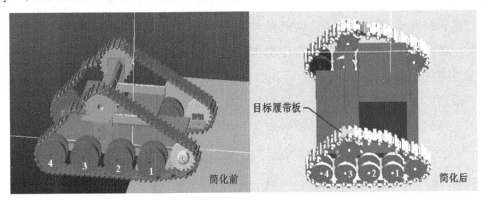

图 6-7 RecurDyn 中建立的履带移动平台动力学模型

目前已搭建简易的履带移动平台振动加速度值测定实验装置，如图 6-8 所示。实验目的主要是测量履带移动平台在水平路面行走过程中随着路面情况的变化，三角履带行走机构重心位置在垂直方向、水平方向、回转方向上振动加速度的变化情况，验证履带动力学模型的正确性。为尽量准确测量重心位置振动加速度数据，在试验车辆重心处放置三轴加速度传感器，并通过数据采集和信号分析仪记录实验数据。实验过程中不考虑车辆水平方向和垂直方向微小的左右摇摆对振动加速度测量的影响。实验行驶距离 5m，行驶速度分别设置为 200mm/s、400mm/s、600mm/s、800m/s、1000mm/s、1200mm/s、1400mm/s、1600mm/s、1800mm/s、2000mm/s，在每种行驶速度下重复实验 3 次取实测重心位置 X 方向、Y 方向振动加速度和回转角加速度的平均值，记录实验数据。履带移动平台振动加速度值测定实验和室外路面行驶实验同时进行，以获得更加全面准确的实验数据。

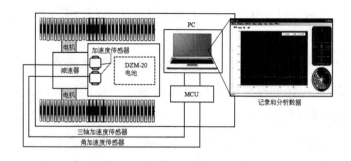

图 6-8　履带移动平台振动加速度值测定实验装置

对于弹性变形行走机构和松软地面土壤间复合接触模型构建：首先，定义车辆行走机构和地面土壤粒子之间的接触条件并确定接触力的计算方法；其次，构建触土部件为平整表面条件下行走机构和地面土壤间的接触模型；再次，构建触土部件有凹凸形状（如履刺或胎面花纹）条件下行走机构和地面土壤间的接触模型；最后，推导出能够表达行走机构和松软地面土壤间相互作用力模型的计算公式。土壤粒子和接触面之间的接触定义方法如图 6-9 所示。

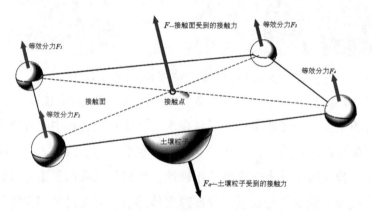

图 6-9　土壤粒子和接触面之间的接触定义方法

对于软件模块的开发：首先，在前期研究构建的力学模型基础上自定义子程序函数并使用 C++ 语言完成功能模块程序编写；其次，设计编译函数并进行功能模块整合，建立松软地面条件下车辆弹性变形行走机构和土壤间相互作用关系的仿真环境；最后，完成典型工况条件下的数值模拟分析。

值模拟分析：通过基于 EDEM 软件平台开发的地面力学计算模块，完成车辆行走机构各方向受力分析和计算、行走机构运动状态数值模拟分析、车辆牵引性能数值模拟分析、转向性能数值模拟分析和沉降量较大情况下行走机构侧方排

图 6-10　车辆行走装置推进力测量装置

土的数值模拟分析等。

　　实车行驶实验：设计土槽单一橡胶轮行走实验和土槽单一橡胶履带行走实验，利用现有土槽实验装置(图 6-10)进行部分行驶实验并在实验基础上进行改造，完成橡胶履带行走机构在前进过程中的前进阻力、各方向受力、车辆牵引力、接地面载荷分布以及滑转沉陷特性等实验数据的采集，用于和数值模拟分析结果进行对比。

6.3 实验对象

本次实验使用履带板的规格参数如表 6-1、表 6-2 所示。改变履带厚度比率 λ，相应的履带触土部分宽度和履带面长度也会随之发生变化。厚度比率的变化范围控制在 0.1~0.5，与之相应的履带触土部分的高度在每次实验中按照 10mm 的尺寸增加。本实验使用日本三重大学实验场地的土壤作为实验用土壤，土壤的土质为沙质黏土，实验土壤主要参数如表 6-3 所示。使用过滤筛选取直径小于 2mm 的土壤颗粒作为实验土壤使用。

表 6-1 履带板规格参数

履带板各项参数	数值
载重 $W[\mathrm{kg}]$	25
履带板宽 $B[\mathrm{mm}]$	150
履带板长 $L[\mathrm{mm}]$	90
上测薄板厚度 $t[\mathrm{mm}]$	30

表 6-2 实验用 5 种厚度的履带板参数

履刺厚度比率 λ	履刺厚度 $\lambda L[\mathrm{mm}]$	履刺侧履板长 $(1-\lambda)L[\mathrm{mm}]$
0.1	9	81
0.2	18	72
0.3	27	63
0.4	36	54
0.5	45	45

表 6-3　实验土壤主要参数

项目	砂质壤土
粒径	小于 2.0mm
含水率($d.b$)	14%
密度(γ)	$1.09 \times 10^{-3} \text{kg/cm}^3$
黏着力(C)	0.90kPa
附着力(C_a)	0.47kPa
内部摩擦角(Φ)	12.7°
外部摩擦角(δ)	27.8°
沉降系数(n)	0.23
土壤系数(K_c)	0.024kg/cm^{n+2}
土壤系数(K_Φ)	0.20kg/cm^{n+1}

6.4　实验方法

本实验使用的推进力测量实验装置如图 6-1 与图 6-2 所示。实验装置主要由土槽、主框架和测量装置三部分组成。土槽的长、宽、高分别为 800mm、600mm、450mm，并通过油压泵驱动其做水平方向的运动。实验装置的核心部分是八角形应力集中测力计，通过此设备可以测量履带板的水平方向推进力和垂直方向的支持力。同时，使用电位器记录实验过程中水平位移和垂直位移的变化数据。本实验需要测量水平方向的推进力、垂直方向的沉降量和剪切位移量。这些变动量都是在履带板和土壤之间发生相对运动的过程中产生的。水平方向的推进力使用八角形应力集中测力计测量，土壤沉降量和剪切位移量通过电位器测量，测量出来的数据通过 A/D 变换接口设备进行转换后传送至实验用计算机中，供以后数据处理使用(图 6-3)。

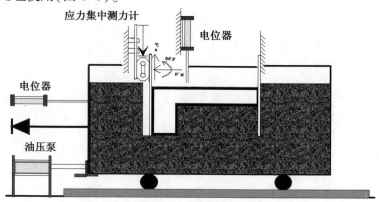

图 6-1　实验装置示意图

图 6-2　推进力测量实验装置

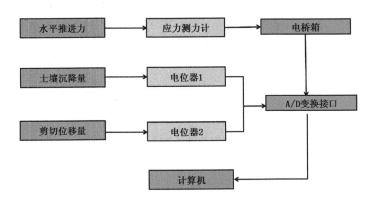

图 6-3　测量项目及测量设备的框线图

具体的实验操作步骤如下：

(1)首先把实验用履带板轻轻地放置在土壤表面，然后把 25kg 的平衡配重体拿起放置在框架内，使履带触土部分通过自重下沉一定的沉降量并记录实验数据。

(2)通过固定机构把履带板固定，防止其在剪切过程中前后摆动造成测量精度下降。

(3)移动土槽开始进行土壤剪切实验并同时记录数据。实验结束后解除位置固定装置，把平衡块放置回原处并使实验装置恢复到初期的位置状态。

(4)进行下一组实验之前，要把土槽中的土壤充分搅拌使其均匀，并把土壤表面处理平整。

　　同一种厚度和高度的履带板的剪切试验要重复测量 3 组，取平均值作为最终实验数据。本次实验使用的履带板触土部分的板厚有 5 种，触土部分的板高有 10 种，需要进行 50 组实验来完成全部实验数据的测量。本次实验若在实验过程中随着履带板触土部分高度变化推进力出现峰值可则停止实验，改变履带板尺寸参数后重新进行下一组实验。

6.5 实验结果分析

为了便于观察和分析，最后把大量实验数据汇总为一张总关系图，如图 6-14 所示。从关系图中我们可以清晰地看出，履带触土部分长度在 0~100mm 时，通过履带板和土壤之间的相对运动产生的推进力，在履带触土部分高度一定的情况下都会随着触土部分宽度的减小而逐渐增大。触土部分厚度不变的情况下，高度的变化直接影响履带板推进力的大小，履带触土部分的高度达到一定数值时，推进力出现实验最大值。另外，通过图 6-14 的分析发现，履带板触土部件厚度越大，可以发挥最大推进力的最适合的触土部件的高度越小，这一变化规律在 $\lambda=0.1$、$\lambda=0.2$、$\lambda=0.3$ 三种实验条件下表现的比较明显，在 $\lambda=0.4$ 和 $\lambda=0.5$ 两种实验条件下表现不明显，但基本符合上述变化规律。

另外，本实验在履带推进力测量实验的基础上，对相关文献中得到土壤三维剪切模型推算预测值和实验得到的推进力测量数据进行对比，绘制了 $\lambda=0.1$ 的实验条件下推进力的理论值和实测值的比较关系图，如图 6-15 所示。从图 6-15 中可以看出，实测推进力变化结果和根据三维剪切模型推算的预测值存在较大偏差。由此可知，理想条件和实际作业地面条件环境下车辆推进力的变化是有很大区别的。土壤剪切模型需要进一步完善，来模拟现实条件下推进力在各种土壤条件下的变化情况。同时，土壤剪切实验由于受到人为因素和实验条件的限制，实验结果也不能达到绝对精确，存在一定的误差值，在后续的实验过程中需要进一步提高数据测量精度，保证实验结论的正确性和可靠性。

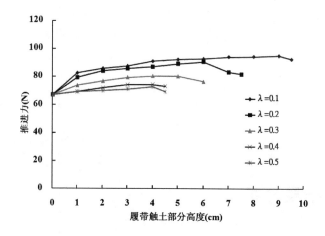

图 6-14　履带触土部分厚度不同时高度和推进力之间的关系

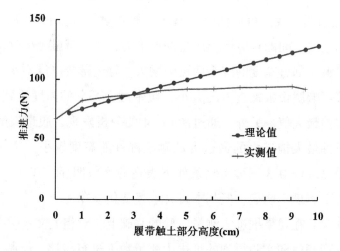

图 6-15　λ=0.1 时推进力的理论值和实测值的比较

6.6 小结

　　本实验主要以履带式车辆行走装置所配置的金属履带板为研究对象，通过推进力测量实验预测出能够发挥车辆最大推进力的金属履带板触土部件的最合理形状并通过实验结果进行了分析证明。实验结果表明，实验用履带板触土部件的厚度越小，产生的推进力越大。履带板触土部件的厚度不变的情况下，高度的变化直接影响履带板推进力大小。同时，履带板触土部件的厚度越大，可以发挥最大推进力的最适合的触土部件的高度越低，这一现象在 $\lambda = 0.1$、$\lambda = 0.2$、$\lambda = 0.3$ 三种实验条件下表现得较为明显，在 $\lambda = 0.4$ 和 $\lambda = 0.5$ 两种实验条件下表现不很明显，但是基本符合上述规律。以上实验结果可以对履带板形状优化设计提供有益的基础数据。

　　实测的推进力实验数据和根据三维剪切模型推算的预测值存在较大偏差，变化规律上表现出不一致性。在后续的实验过程中需要进一步提高数据测量精度，保证实验结论的正确性和可靠性。

切线方向附着力对履带机构触土部件牵引力影响的实验

7.1 切线方向附着力的测定

以车辆履带行走机构为研究对象，考虑履带行走机构触土部件厚度时的推进力等于切线方向力 F_1、剪切力 F_3 和作用于履带触土部件侧面的力 F_4 之和，如图 7-1 所示。一般认为履带板和土壤之间的切线方向力 F_1 是由切线方向附着力和外部摩擦产生的。如图 7-2 所示，土壤附着在某平面物体的接触面上，在垂直应力为零的状态下，附着力即为将土壤从接触面拉开所需的力。将土壤在接触面的垂直方向拉开时所需的力定义为垂直方向附着力，在切线方向使土壤移动时所需的力定义为切线方向附着力。附着力除了与接触面的材质和表面状态有关外，还受到土壤中含有的水分量的影响。本研究主要使用土壤剪切实验装置，测定履带触土部件和不同含水率土壤之间的切线方向附着力，进一步明确附着力和土壤含水率之间的影响关系。

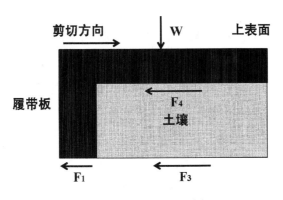

图 7-1　履带板的受力分析

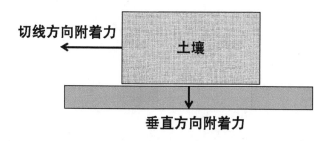

图 7-2 土壤和物体之间的附着力

图 7-3 是用于测量土壤与金属履带板之间的切线附着力的剪切实验装置。在剪切箱的下箱里装上履带用钢板，在上箱里填满土壤，进行土壤和履带板材料之间的剪切实验。在上箱土壤上施加垂直载荷，并通过电机驱动下箱在水平方向上移动，测量并记录土壤和履带板之间的摩擦力。实验中，在平均粒径小于 2mm 砂质壤图中加入水分，制备含水率不同的 13 种实验土壤。

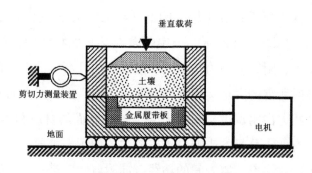

图 7-3 切线方向附着力测量实验装置

在剪切箱的下箱内部放置实验履带钢板，在上箱内填充土壤并施加垂直载荷，使用含水率不同的土壤反复进行剪切实验。图 7-4 表示了在使用含水率为 4.3% 的供试土壤的情况下，剪切应力与垂直应力之间的关系。由图 7-4 可知，随着垂直应力的增加，剪切应力也基本呈现线性增加的趋势。根据库仑理论，剪切应力和垂直应力应表现为直线关系，因此使用实验值进行了线性回归。实验得到的回归直线的斜率为 0.55，将其换算成外部摩擦角为 28.8°。回归直线和纵坐标的截距为 1.02kPa，此数值即为切线方向附着力。剪切应力的回归直线不通过原点，这表明土壤与履带板之间不是单纯的摩擦，同时存在着附着现象。

含水率为 34.3% 的情况下测得的摩擦试验结果如图 7-5 所示。剪切应力的

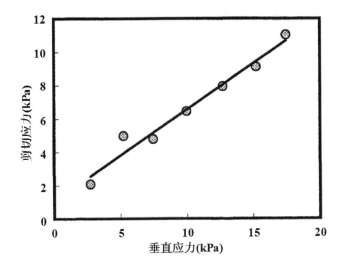

图 7-4　剪切应力和垂直应力之间的关系(土壤含水率 4.3%)

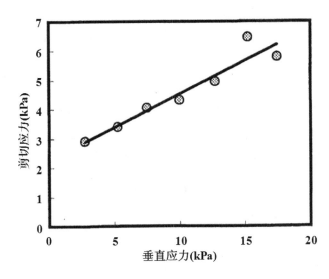

图 7-5　剪切应力和垂直应力之间的关系(土壤含水率 34.3%)

变化倾向与含水率为 4.3%的情况相同，但切线方向附着力明显增加，达到
2.27kPa。外部摩擦角测量值为 12.7°，比含率为 4.3%的土壤外部摩擦角小。从
这两种土壤的实验结果来看，随着含水率的增加，切线方向附着力随之增加，但
外部摩擦角有减少的趋势。也就是说，随着水分的增加，摩擦性土壤会转变为黏
着性土壤。

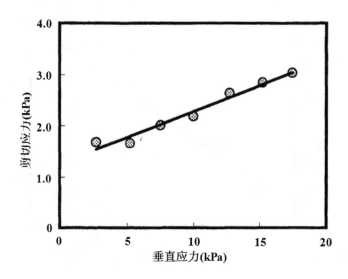

图 7-6　剪切应力和垂直应力之间的关系(土壤含水率46.5%)

　　当含水率为46.5%时，土壤已经接近饱和状态，剪切应力与垂直应力的关系如图 7-6 所示。这种情况下的切线方向附着力为 0.84kPa，比含水率为 34.3%的土壤附着力小了很多，外部摩擦角也有大幅度减小。这可能是由于水分大量地包裹在土粒子间而造成的，在土壤和履带板之间形成的水层起到了一定的润滑作用。使用本实验提供的 13 种含水率不同的土壤进行摩擦实验，可得出切线方向附着力和土壤含水率之间的关系，如图 7-7 所示。横坐标表示供试土壤的含水率，纵坐标表示切线方向附着力。分析图 7-7 可知，在土壤含水率较低的情况下，虽然切线方向附着力小，但是随着含水率的增加，切线方向附着力有所增加。在这种情况下，由于含水率较低，土粒子周围形成的水膜面积小不完整，由表面张力产生的切线方向阻力较小。土壤含水率超过约 22%时，切线方向附着力急剧增加，含水率达到 35%时，附着力出现最大值。这主要是由于供试土壤中的水分量增加，形成于土粒子与履带板接触面的水膜的周长和有效接触面积变大而造成的。若进一步增加含水率，切线方向附着力急剧减少，含水率达到约40%时，切线方向附着力与含水率为 22%时土壤的附着力大小接近。此后，切线方向附着力略有减少，并逐渐趋于恒定的数值。切线方向附着力的减小可能与土粒子和履带板之间形成的水膜的润滑作用有直接关联。

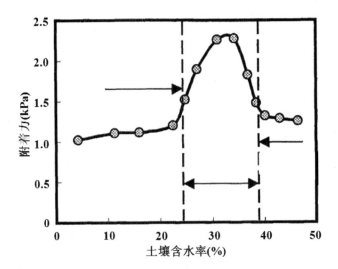

图 7-7 切线方向附着力和含水率之间的关系

7.2 切线方向附着力和牵引力之间的关系

车辆行走机构触土部件和土壤的接触面上，附着和摩擦会同时发生。以履带车辆为例，通过履带板而产生的推进力，主要受到接触面上的切线方向附着力、土壤外部摩擦角、土壤黏着力和内部摩擦角等因素的影响。同时，不能忽视履带板触土部件厚度对推进力的影响，相关理论解析和实验研究表明，履带板和土壤接触面上产生的推进力对车辆牵引力的发挥起到至关重要的作用。由图 6-1 可知，单一履带板长度为 L，履带板宽度为 B，履带板的触土部件厚度为 λ。履带板间隔部分土壤发生剪切破坏的情况下，产生的推进力等于切线方向阻力 F_1、剪切力 F_3 和作用于履带触土部件侧面的力 F_4 之和，如下式：

$$F = F_1 + F_3 + F_4 \qquad\qquad 式（7-1）$$

单一履带板的牵引力等于履带板推进力和滚动阻力之间的差值。切线方向阻力 F_1 和作用于履带触土部件侧面的力 F_4 直接受到切线方向附着力的影响，其中切线方向阻力 F_1 可通过下式表示：

$$F_1 = \lambda LB(C_a + q_1 \tan\delta) \qquad\qquad 式（7-2）$$

式中，C_a 是履带板触土部件在切线方向上的附着力；δ 是土壤和履带板触土部件之间的外部摩擦角；q_1 是一定负载作用下履带板接地面压力。

从式（7-2）可以看出，履带板接地面产生的推进力受切线方向附着力和外部摩擦角的影响，随着切线方向附着力的增加而增加，但随着外部摩擦角的减少而变小。一般的土壤在切线方向附着力增加时，外部摩擦角会减小，切线方向附着力和外部摩擦角的变化情况，可以直接影响履带接地面和侧面推进力的大小变化。为明确切线方向附着力对牵引力的影响效果，使用具有不同附着性能的供试土壤进行了履带板的推进力和沉下量的测量实验。同时，利用三维剪切破坏模型预测推进力的变化规律，并和推进力的实验测定值进行比较分析。关于供试土壤，从切线方向附着力测量实验中使用的 13 种不同含水率的土壤中选出 6 种作为实验土壤供实验和理论分析使用，实验土壤参数如表 7-1 所示。

表 7-1　实验土壤参数

土壤	砂质壤土					
含水率(d. b.)	4.3%	22.5%	27.1%	30.2%	34.2%	38.3%
密度(kg/cm³)	1.07×10^3	1.09×10^3	1.1×10^3	1.13×10^3	1.12×10^3	1.13×10^3
黏着力(kPa)	1.12	1.31	1.97	2.34	2.39	1.53
内部摩擦角(deg.)	32.4	30.8	20.4	16.9	14.9	14.1
切线附着力(kPa)	1.03	1.20	1.90	2.21	2.28	1.48
沉降指数 n	1.21	1.15	1.13	1.14	1.15	1.12
K_c(kgf/cm^{n+1})	0.08	0.43	0.06	0.06	0.06	0.05
K_Φ(kgf/cm^{n+2})	0.24	0.07	0.55	0.58	0.64	0.76
外部摩擦角(deg.)	28.8	28.4	18.5	14.5	12.7	11.8

利用三维剪切破坏模型预测由单一履带板产生的推进力和滚动阻力，并从推进力中减去滚动阻力，得到牵引力的预测值。用于实验和预测的履带板模型的整体长度为 90mm，宽度为 150mm，履带板间隔面厚度为 30mm，触土板厚度分别为 9mm($\lambda = 0.1$)和 18mm($\lambda = 0.2$)。对应触土板厚度的间隔长度分别是 81mm 和 72mm。针对 2 种不同厚度的触土板，高度均设定为 5cm，在此尺寸参数下进行剪切实验。加载于单一履带板模型上表面的垂直负载为 220.5N。理论解析和牵引力预测也在同样的实验条件下进行。图 7-8 表示了通过履带板和土壤之间的相对运动产生的牵引力与切线方向附着力之间的关系。图中的圆形和方形标记分别表示履带板厚度比率 $\lambda = 0.1$ 和 $\lambda = 0.2$ 时的牵引力的实测值，实线表示对应的牵引力预测值。由图 7-8 可知，在使用两种不同厚度的履带触土板时，牵引力

都随着切线方向附着力的增加而增加。切线方向附着性能好的土壤，往往黏着力也相对较大，和切线方向附着力直接相关的履带板触土面剪切力也会随之变大。履带板和土壤相对移动过程中，间隔面下方土壤的剪切阻力也会随着黏着力的增加而增加，牵引力呈现出增大的变化趋势。推进力与供试土壤的外部摩擦角和内部摩擦角也有比例关系，由实验结果分析可知，尽管附着性能好的供试土壤的外部摩擦角和内部摩擦角都较小，但牵引力仍呈现明显增加的趋势。这主要是因为在牵引力计算的过程中，与由摩擦角的减小引起的阻力降低相比，切线方向附着力和黏着力的增加而引起的阻力的增加幅度更大。由此实验结果可知，切线方向附着力对车辆牵引力有较为直接的影响。

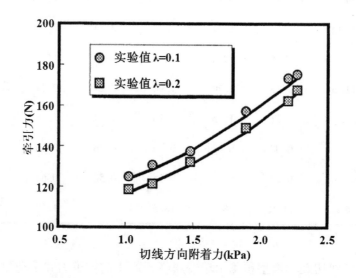

图 7-8   切线方向附着力和牵引力之间的关系

牵引力的实测值随着切线方向附着力的增加而变大。土壤切线方向附着力和黏着力的变化对于牵引力预测值和实测值的影响效果近似相同。牵引力实测值与预测值变化趋势相同，但整体上实测值比理论预测值稍大。这主要是因为实际剪切实验过程中排土阻力较大，履带板侧面接触的土壤状态与理论预测模型存在差异而造成的。从以上分析可以看出，牵引力的预测值与实际测值之间存在一定差异，但整体上体现出了一致性。由于切线方向附着力发生变化，外部摩擦角、黏着力、内部摩擦角等土壤力学参数也随之发生变化。本实验研究主要是为了明确切线方向附着力变化对车辆牵引力的影响，但实际上影响牵引力大小变化的不仅仅是切线方向附着力，还有土壤力学参数变化因素的影响。也就是说，在切线方向附着力变化的同时，其他的土壤参数也会发生变化，所以通过这些参数的变化产生的综合效果使得牵引力按照一定的规律发生变化。总之，根据理论分析和实验分析的结果，明确了切线方向附着力对牵引力的产生有很大的帮助作用。

7.3　小结

构成车辆行驶装置的履带和土壤的接触面产生的推进力是通过履带触土部件和土壤的相互作用产生的。这种相互作用并不是单纯的摩擦，需要从切线方向附着力和摩擦并存的观点出发，进行土壤和履带机构的剪切实验，证明切线方向附着力的发生对牵引力的影响作用。另外，使用单一履带板模型，在切线方向附着力不同的供试土壤中，测量了履带板和土壤在剪切运动过程中产生的推进力和沉降量，计算出了滚动阻力。同时利用三维剪切破坏模型预测了履带板产生的牵引力，考察了切线方向附着力对牵引力的影响。根据以上结果总结出以下实验结论。

（1）根据土壤的剪切实验结果可知，切线方向附着力随含水率而变化，含水比较低时，切线方向附着力较小，但随着含水率的增加而增大。超过一定的含水率后，切线方向附着力急剧增加。进一步增加含水率后，切线方向附着力在达到最大值后逐渐减少。将表示该切线方向附着力变化过程的土壤含水率区间分别称为干燥相、附着相以及润滑相。

（2）根据切线方向附着力不同的供试土壤中履带的牵引力的测量结果，明确了牵引力随着切线方向附着力的增加而增加的变化规律，证明了切线方向附着力有助于牵引力的产生。另外，在剪切实验中还发现履带触土板厚度比率越小，就越能发挥较大的牵引力。使用三维剪切破坏模型的牵引力的预测值与实测值基本相同，均呈现随着切线方向附着力的增加而变大的趋势。预测值比实测值稍微小一些，但没有发现显著的差异。因此，可以认为三维剪切破坏模型是可以正确模拟履带机构和土壤之间的相互作用过程的。

参考文献

奥西波夫.1985.黏土类土和岩石的强度与变形性能的本质[M].地质出版社.

陈秉聪.1981.土壤-车辆系统力学[M].中国农业机械出版社.

常原.2014.凸包几何结构仿生土壤镇压辊[D].长春:吉林大学.

川村登也.1991.农作业机械学[M].文永堂.

长谷川智史.2002.关于防止履带土壤黏附的研究[D].三重大学.

河上房义.1956.土壤力学[M].森北出版株式会社.

方会敏,姬长英,A A Tagar,等.2016.秸秆-土壤-旋耕刀系统中秸秆位移仿真分析 [J].农业机械学报,47(1):60-67.

宫井善弘,木田辉彦,仲谷仁志.1983.水力学[M],森北出版株式会社.

胡方海,王智永.2009.履带架三维结构拓扑优化及 ANSYS 实现[J].煤矿机械, 30(12):74-77.

刘朝宗,任露泉,佟金.1999.玻璃微珠填充 UHMWPE 基复合材料的润湿及土壤黏附特性[J].复合材料学报(2):30-34.

刘朝宗.1997.UHMWPE 基复合材料减黏耐磨的仿生研究[D].长春:吉林工业大学.

刘耀辉,陈秉聪,任露泉.1992.金属材料的功能表面与水的润湿性[J].农业工程学报,8(3):15-20.

李建桥,任露泉,刘朝宗,等.1996.减黏降阻仿生犁壁的研究[J].农业机械学报,27(2):1-4.

李因武.2005.土壤/推土板界面黏附系统的数值模拟[D].长春:吉林大学.

潘君拯.1983.我国南方水田土壤特性与水田行走装置合理结构[J].拖拉机

(2)：6–11.

秋山丰，横井肇．1972．土壤黏着性的研究（第2报）[J]．日本土壤肥料科学，43(8)：271–277.

秋山丰，横井肇．1972．土壤黏着性的研究（第3报）[J]．日本土壤肥料科学，43(9)：315–320.

钱定华．1965．传统犁壁材料——白口铁对重黏土黏附特性的研究[J]．农业机械学报(2)：47–52.

钱定华，张际先．1984．土壤对金属材料黏附和摩擦研究状况概述[J]．农业机械学报(1)：69–78.

任露泉，刘朝宗，佟金，等．1997．土壤黏附系统中黏土颗粒群的黏附特性[J]．农业机械学报(4)：2–5.

任露泉，陈德兴，胡建国．1990．土壤动物减黏脱土规律初步分析[J]．农业工程学报(1)：15–20.

孙一源，等．1985．农业土壤力学[M]．农业出版社．

佟金，任露泉，陈秉聪，等．1990．黏附界面土壤表层形态的研究[J]．农业工程学报(3)：1–7.

田洪杰，高顺德，肖华．2011．履带板受力情况分析[J]．机械设计与制造(4)：226–227.

沈震亚．1983．土壤的黏附机理和应用[C]．地面机械系统学会第一届学术会议论文集．

王泳嘉．1986．离散单元法———一种适用于节理岩石力学分析的数值方法[C]．第一届全国岩石力学数值计算及模型试验讨论会论文集，32–37.

杨志强．2006．三套微小土壤黏附力测试系统的研究[D]．长春：吉林大学．

于建群，钱立彬，于文静，等．2009．开沟器工作阻力的离散元法仿真分析[J]．农业机械学报，40(6)：53–57.

殷涌光，任露泉．1990．装载机铲斗黏附积土清除的仿生研究[J]．农业工程学报(4)：1–6.

姚艳．2009．软黏土条件下的车辆驱动力学研究[D]．南京：南京农业大学．

姚禹肃，曾德超．1988．金属-土壤摩擦阻力与滑动速度关系的研究[J]．农业机械学报(4): 33-40.

张际先, 桑正中, 高良润. 1986. 土壤对固体材料黏附和摩擦性能的研究[J]. 农业机械学报(1): 35-43.

张际先, 李耀明, 桑正中. 1985. 黏土对固体材料的黏附和摩擦[J]. 江苏工学院学报(1): 1-9.

张际先. 1985. 土壤对固体材料黏附和摩擦的研究[D]. 南京: 江苏工学院.

张毅. 2002. 耕作机具部件仿生设计与研究[D]. 武汉: 武汉理工大学.

张锐, 李建桥, 李因武. 2003. 离散单元法在土壤机械特性动态仿真中的应用进展[J]. 农业工程学报(1): 16-19.

A N Zisman, V N Kachinskii, V A Lyakhovitskaya, et al. 1979. Dilatometric investigation of critical phenomena in the ferroelectric phase transition in antimony sulfoiodide SbSI [J]. Journal of Experimental and Theoretical Physics, 50: 322.

A I Mil'tsev. 1966. Sticking and function of soil on metals and plastics[C]. Reports of Conference of Young Scientists, Viskhom, Moscow, 3-14.

A J Koolen, H Kuipers. 1983. Agricultural Soil Mechanics[M]. Springer-Verlag, Berlin

E R Fountaine. 1954. Investigation into the mechanism of soil Adhesion [J]. European Journal of Soil Science, 5(2): 251-263.

F A Kummer, M L Nichols. 1938. The dynamic properties of soil Ⅶ, A study of the nature of physical forces governing the adhesion between soil and metal surface [J]. Agricultural Engineering, 19: 73-78.

H E Clyma, D L Larson. 1925. Evaluating the effectiveness of electro-osmosis in reducing tillage draft force[C]. ASAE Paper, 91: 3533.

H aines, B William. Studies in the physical properties of soils: I. Mechanical properties concerned in cultivation[J]. Journal of Agricultural Science, 15(2): 178.

H Domzal. 1970. Preliminary studies of the influence of moisture on physico-mechanical properties of some soils with regard to estimation of optimum working conditions of implements[J]. Polish Journal of Soil Science, 3(1): 61-70.

I N Nikolaeva, P UB akhtin. 1975. Stickness of dark-chestnut heavy-loam and loamy-sand soils of Kustanai Region under conditions of vertical tearing off and tangential shearing[J]. Pochvovedenie,4: 68-78.

J V Stafford,D W Tanner. 2010. The friction characteristics of steel sliding on soil [J]. European Journal of Soil Science,28(4): 541-553.

J Z Zhang,X L Wang,K Kito,et al. 2014. Characteristics of tangential soil adhesion to tool material at different moisture contents[J]. Agricultural Engineering,22(2): 65-71.

J Tong,L Q Ren,B C Chen. 1990. Reducing adhesion of soil by phosphoric white iron on basis of bionic principle[C]. Kobe,Proc. 10th Intern. Conf. ISTVS,977-984.

K Serata,S Yamazawa,T Aoyama,et al. 1990. Studies on soil adhesion to rotary tilling devices: Basic studies on soil adhesion with soil shooting device [J]. Journal of the Japanese Society of Agricultural Machinery,52: 35-41.

K Serata. 1993. Studies on phenomenon and prevention of soil adhesion to rotary tiller devices [D]. College of Agriculture and Veterinary Medicine,Nihon University.

K Serata,T Tawara,TAoyama,et al. 1986. Studies on Soil Stickiness to Rotary Devices[J]. Journal of the Japanese Society of Agricultural Machinery and Food Engineers,47(4): 493 -498.

K Serata,S Miyamoto,T Aoyama,et al. 1996. Studies on Prevention of Soil Adhesion to Rotary Tiller Devices[J]. Japanese Journal of Farm Work Research,31(1): 1-9.

L D Baver. 1980. Applications of Soil Physics[M],AcademicPress,New York.

L Q Ren,JTong,J Q Li,et al. 2001. Soil and Water: Soil Adhesion and Biomimetics of Soil-engaging Components: a Review[J]. Journal of Agricultural Engineering Research,79(3): 239-263.

M L Nichols,A W Cooper,C A Reaves. 1955. Design and Use of Machinery to Loosen Compact Soil[J]. Soil Science Society of America Journal,19(2): 128-130.

M G Bekker.1978. 地面-车辆系统导论学[M]. 机械工业出版社.

M L Nichols. 1931. The dynamic properties of soil: II. Soil and metal friction [J]. Agricultural Engineering(12): 321-324.

M L Nichols. 1929. Methods of research in soil dynamics as applied to implement design [J]. Alabama Agricultural Experiment Station (AAES) Reports,229: 28.

M S Neal. 1966. Friction and adhesion between soil and rubber[J]. Journal of Agricultural Engineering Research, 11(2): 108−112.

M L Nichols. 1931. The dynamic properties of soil. I: An explanation of the dynamic properties of soil by means of colloidal films[J]. Agricultural Engineering(12): 259−264.

R A Fisher. 1928. Further note on the capillary forces in an ideal soil[J]. Journal of Agricultural Science, 18(3): 406−410.

R Mehmannavaz, S O Prasher, D Ahmad. 2001. Cell surface properties of rhizobial strains isolated from soils contaminated with hydrocarbons: hydrophobicity and adhesion to sandy soil[J]. Process Biochemistry, 36(7): 683−688.

R P Zadneprovski. 1975. The influence of pressure time of contract and temperature on the adhesion of soils to working tools[C]. Kiev, Mining, Construction and Highway Machines, 19: 23−31.

R G William, E V B Glen: Soil dynamics in tillage and traction. 1968. Agricultural Research Service, United States, Department of Agriculture, Agricultural Handbook No. 316:42−52.

T Kawachi. 2003. Clay in Civil Engineering[J]. Journal of the Clay Science Society of Japan, 42(4): 223−228.

V M Salokhe, D Gee−Clough. 1987. Studies on effect of lugs surface coating on soil adhesion of cage wheel lugs[J]. Proc. 9th Int. Conf. ISTVS, Barcelona, Spain, 389−396.

V M Salokhe, D Gee−Clough. 1988. Coating of cage wheel lugs to reduce soil adhesion[J]. Journal of Agricultural Engineering Research, 41(3): 201−210.

V M Salokhe, H H oki, K Sato. 1993. Why does soil not stick to enamel coating [J]. Journal of Terramechanics, 30(4): 275−283.

V C Jamison, D D Smith, et al. 1968. Soil and Water Research on a Claypan Soil [J]. Technical Bulletins.

V Y Kalachev. Stickiness of clay soils[D]. Translated by W. R. Gill from Author's Dissertation at Moscow State University for the degree of Candidate of Geological−Mineralogical Science. Available from USDA, National Agricultural Library, Beltsville, MD. Report No. NTML−WGR−656−NAL.

W R Gill, G E Vanden Berg. 1968. Soil dynamics in tillage and traction: Agricultural

Handbook, No. 316, U. S. Government Printing Office, Washington, D. C. 512 p (1967) [J]. Journal of Terramechanics,5(4): 65-66.

W R Gill,G E Vandenberg. 1983. 耕作和牵引土壤动力学[M]. 中国农业机械出版社.

W H Soehne. 1953. Friction and cohesion in arable soils[J]. Grundlagen der Landtechnik,5: 64-80.

X L Wang,N Ito,K Kito,et al. 2005. Study on tangential adhesion generated by water surface tension[J]. Journal of JAT,23: 41-46.

X L Wang,K Sato,N Ito,et al. 2005. Tangential Adhesion Using Glass Beads and a Glass Plate[J]. Journal of JASM,67(6): 89-94.

X L Wang,N Ito, K Kito. 1999. Study on Reduction of Soil Adhesion to Rotary Tiller Cover by Vibration[J]. Journal of the Japanese Society of Agricultural Machinery and Food Engineers,61(2): 37-43.

X L Wang,M Ichikawa,I Tajiri,et al. 1993. Study on Prevention of Soil Adhesion to Rotary Cover by Vibration (Part 1): Basic Studies on Prevention of Soil Adhesion with Injection Device [J]. Journal of the Japanese Society of Agricultural Machinery and Food Engineers,55(4): 41-46.

X L Wang,M Ichikawa, N Ito,et al. 1995. Study on Prevention of Soil Adhesion to Rotary Cover by Vibration (Part 1): Effects of Spraying Angle and Soil Moisture Content on Soil Adhesion[J]. Journal of the Japanese Society of Agricultural Machinery and Food Engineers,57(3): 19-27.

X L Wang, N Ito, K Kito, et al. 2004. Effect of Tangential Adhesion on Traction of Grouser Shoe[J]. Journal of the Japanese Society of Agricultural Machinery and Food Engineers,66(3): 45-50.

X L Wang,K Sato,N Ito,et al. 2001. Studies on Grouser Shoe Dimension for Optimum Tractive Performance: Prediction of Thrust, Rolling Resistance and Traction by Three-dimensional Model [J]. Journal of the Japanese Society of Agricultural Machinery,63(2): 69-75.

X L Wang,K Sato,N Ito,et al. 2002. Studies on Grouser Shoe Dimension for Optimum Tractive Performance (Part 2): Effect on thrust, rolling resistance and traction [J].

Journal of the Japanese Society of Agricultural Machinery, 64(4): 55–56.

X L Wang, K Sato, N Ito, et al. 2003. Studies on Grouser Shoe Dimension for Optimum Tractive Performance (Part 3): Comparison of predictive and experimental traction of track's grouser [J]. Journal of the Japanese Society of Agricultural Machinery, 65 (5): 64–69.